Proceedings

Ein stetig steigender Fundus an Informationen ist heute notwendig, um die immer komplexer werdende Technik heutiger Kraftfahrzeuge zu verstehen. Funktionen, Arbeitsweise, Komponenten und Systeme entwickeln sich rasant. In immer schnelleren Zyklen verbreitet sich aktuelles Wissen gerade aus Konferenzen, Tagungen und Symposien in die Fachwelt. Den raschen Zugriff auf diese Informationen bietet diese Reihe Proceedings, die sich zur Aufgabe gestellt hat, das zum Verständnis topaktueller Technik rund um das Automobil erforderliche spezielle Wissen in der Systematik aus Konferenzen und Tagungen zusammen zu stellen und als Buch in Springer.com wie auch elektronisch in Springer Link und Springer Professional bereit zu stellen. Die Reihe wendet sich an Fahrzeug- und Motoreningenieure sowie Studierende, die aktuelles Fachwissen im Zusammenhang mit Fragestellungen ihres Arbeitsfeldes suchen. Professoren und Dozenten an Universitäten und Hochschulen mit Schwerpunkt Kraftfahrzeug- und Motorentechnik finden hier die Zusammenstellung von Veranstaltungen, die sie selber nicht besuchen konnten. Gutachtern, Forschern und Entwicklungsingenieuren in der Automobil- und Zulieferindustrie sowie Dienstleistern können die Proceedings wertvolle Antworten auf topaktuelle Fragen geben.

Today, a steadily growing store of information is called for in order to understand the increasingly complex technologies used in modern automobiles. Functions, modes of operation, components and systems are rapidly evolving, while at the same time the latest expertise is disseminated directly from conferences, congresses and symposia to the professional world in ever-faster cycles. This series of proceedings offers rapid access to this information, gathering the specific knowledge needed to keep up with cutting-edge advances in automotive technologies, employing the same systematic approach used at conferences and congresses and presenting it in print (available at Springer.com) and electronic (at Springer Link and Springer Professional) formats. The series addresses the needs of automotive engineers, motor design engineers and students looking for the latest expertise in connection with key questions in their field, while professors and instructors working in the areas of automotive and motor design engineering will also find summaries of industry events they weren't able to attend. The proceedings also offer valuable answers to the topical questions that concern assessors, researchers and developmental engineers in the automotive and supplier industry, as well as service providers.

Alexander Heintzel
(Hrsg.)

Experten-Forum Powertrain: Komponenten und Kompetenzen zukünftiger Antriebe 2022

Band 1: Elektrische Systemkomponenten und Speichertechnik

Springer Vieweg

Hrsg.
Alexander Heintzel
Springer Fachmedien Wiesbaden
Wiesbaden, Deutschland

ISSN 2198-7432 ISSN 2198-7440 (electronic)
Proceedings
ISBN 978-3-658-42552-4 ISBN 978-3-658-42553-1 (eBook)
https://doi.org/10.1007/978-3-658-42553-1

Die Deutsche Nationalbibliothek verzeichnet diese Publikation in der Deutschen Nationalbibliografie; detaillierte bibliografische Daten sind im Internet über http://dnb.d-nb.de abrufbar.

Planung/Lektorat: Markus Braun
Springer Vieweg ist ein Imprint der eingetragenen Gesellschaft Springer Fachmedien Wiesbaden GmbH und ist ein Teil von Springer Nature.
Die Anschrift der Gesellschaft ist: Abraham-Lincoln-Str. 46, 65189 Wiesbaden, Germany

Das Papier dieses Produkts ist recyclebar.

Vorwort

Herzlich willkommen
Das Experten-Forum Powertrain hat ein neues Gesicht. Nachhaltiger Klimaschutz durch die Umsetzung der in Paris getroffenen Vereinbarungen lässt sich nur über die Defossilisierung der Energiesysteme erreichen. Die Nutzung und Wandlung von regenerativ erzeugtem Strom in elektrifizierten Antrieben sind Erfolgskriterien. Deshalb prägt die Entwicklung von Energiewandlern und Energiespeichern die Neuausrichtung des Kongresses. Da mit der Elektrifizierung die Komplexität deutlich steigt, zeigt der Kongress zusätzlich die Schlüsselrollen von Simulation und Test auf und gibt Impulse für eine treffsichere Zielerfüllung.

Das Experten-Forum Powertrain greift mit technischem Tiefgang aktuelle Aufgabenstellungen der Antriebsstrangentwicklung auf Komponentenebene auf. Die Verknüpfung von Simulation und Test in allen Phasen des Entwicklungsprozesses fördert das technische Verständnis und führt zu neuen Lösungsansätzen.

Im Namen der Wissenschaftlichen Beiräte und unserer Partner lade ich Sie herzlich zur Teilnahme am 3. MTZ-Fachkongress Experten-Forum Powertrain 2022 ein.

Dr. Johannes Liebl
Herausgeber
ATZ | MTZ-Gruppe
Springer Nature
Leitung des Fachkongresses
Experten-Forum Powertrain

Inhaltsverzeichnis – Band I

Technischer Vergleich von Traktionsmaschinen in Elektrofahrzeugen 1
Christoph Schmülling, Gustavo Esteves Albieri, and Michael Rehermann

PEM Fuel Cell Application – From Components to Systems 13
Mathias Reum, Simon Schlirf, and Benjamin Daniel

Integriertes SiC-Leistungsmodul auf keramischem Kühlkörper 27
David Haßler, Marco Heinrich, and Fabian Bartl

„Wir drehen auf!" – Wälzlagerlösungen für den E-Antriebsstrang 42
Dr. Franz Völkel, Johannes Kerstiens, Dr. Christoph Lunk, Georg Petery, and Dr. Christina Stöber

RNT-Verschleißmessung im Getriebe eines elektrischen Antriebsstranges 59
Hubert Schultheiß, Philipp Zumpf, Marcel Löpitz, Erik Ullmann, and Felix Wild

Park by Wire System for current Electric Drive Units 68
Dr.-Ing. Jan Nowack, Dr.-Ing. Gereon Hellenbroich, Valerij Shapovalov, and Ralph Fleuren

Wie Cell-to-Pack-Systeme den Batterieentwicklungsprozess verändern und welche neuen Tools dafür benötigt werden 77
Mareike Schmalz, Christian Lensch-Franzen, Jürgen Geisler, and Dr. Amalia Wagner

Simulation und Validierung verschiedener Batteriezellen für Batterie- und Plug-in-Hybrid-Elektrofahrzeuge 90
Stanislaw Rybak and Andreas Viehmann

Antriebsbatterien bei Stellantis – Teil der Kreislaufwirtschaft 104
Roland Matthé

Design und Betriebsstrategie – Kernelemente eines nachhaltigen Batterielebenszyklus 121
Dr. Alexander Kohs, Matthias Medger, and Robin Brachtendorf

The tank system as an optimization factor for the total cost of ownership of hydrogen applications 131
Ryan Hassoun and Robert Stanek

Simulationsgestützte Optimierung des Verzahnungswirkungsgrades durch dünne Schichten ... 148
Dirk Bartel, Lars Bobach, and Ronny Beilicke

Erratum zu: Park by Wire System for current Electric Drive Units ... E1
Dr.-Ing. Jan Nowack, Dr.-Ing. Gereon Hellenbroich, Valerij Shapovalov, and Ralph Fleuren

Autorenverzeichnis ... 157

Inhaltsverzeichnis – Band II

Echtzeitfähige Brennstoffzellensimulation auf Systemebene 1
Christoph Pötsch and Johann C. Wurzenberger

Simulationsbasierte Entwicklung eines Wasserstoff-Verbrennungsmotors 16
Dipl.-Ing. Benedikt Nork, Dipl.-Ing. Ralph Kleuser, and Dr.-Ing. Andreas Boemer

Das ThermoLab als Entwicklungstool für innovative Thermalkreislaufsysteme 26
L. Fiore, M. Conin, C. Beidl, and G. Hohenberg

Optimale Regelung eines PHEV für RDE und Thermomanagement mittels integrierten A-ECMS Reglers 40
Michael Zagun, Marcin Okarmus, Jonathan Zeman, Sujeet Vankayala, and Philippe De Araujo

Untersuchung verschiedener Konzepte zur Abweichungsreduzierung bei der Echtzeit-Temperaturüberwachung mittels thermischer Netzwerke 54
Eryang Wang, Philip Grabherr, Carsten Koolmann, Jürgen Mack, and Martin Doppelbauer

Simulation of Oil Flow Behavior in the Air Gap between Rotor and Stator 68
Navid Shahangian, Leila Sharifian, Rüdiger Beykirch, Albert Jeckel, Silja Klier, and Lothar Grupe

NVH-Optimierung elektrischer Achsen – neue Ansätze für „Front Loading“ und Modellkorrelation 82
Enrico Kruse, Hendrik Sell, and Florian Löcken

Mehrkörpersimulation elektromagnetisch gekoppelter Antriebssysteme 99
Tamir Dombrovskij, Dr. Alexander Boucke, and Prof. Dr. Gunter Knoll

Virtuelle Materialcharakterisierung und Optimierung für Elektromobilitätsanwendungen 113
Julian Marr, Lukas Zartmann, Doris Reinel-Bitzer, Heiko Andrä, and Ralf Müller

Entwicklung eines KI-Modells zur Prädiktion von Alterungseffekten an Emissionsminderungssystemen 127
M. Conin, A. Stalp, N. Hummel, C. Beidl, L. Schmidt, E. Tampubolon, and C. Tomanik

Autorenverzeichnis 137

Technischer Vergleich von Traktionsmaschinen in Elektrofahrzeugen

Christoph Schmülling[1(✉)], Gustavo Esteves Albieri[2], und Michael Rehermann[1]

[1] MAHLE International GmbH, Stuttgart, Deutschland
christoph.schmuelling@mahle.com
[2] MAHLE New Mobility Solutions GmbH, Kornwestheim, Deutschland

Zusammenfassung. Welche Vor- bzw. Nachteile bieten die verschiedenen Maschinentypen, die, im Einsatz als Traktionsantrieb für elektrisch betriebene Fahrzeuge Verwendung finden? Zur Beantwortung dieser Frage wird ein technischer Vergleich von permanentmagneterregter und fremderregter Synchronmaschine sowie Asynchronmaschine durchgeführt, wofür eine Maschine des jeweiligen Maschinentyps mit einer Spitzenleistung von ca. 150 kW und einer maximalen Drehzahl von 14.000 min^{-1} ausgelegt wird. Die gewählte Leistung entspricht einer für Fahrzeuge aus dem C-Segment typischen Leistungsklasse. Um eine hohe Dauerleistung zu gewährleisten, kommt eine äußerst effektive Ölkühlung zum Einsatz, wodurch sehr hohe Leistungs- und Drehmomentdichten erreicht werden können. Nach der Vorstellung der drei Maschinen werden ihre Vor- und Nachteile, insbesondere in Hinblick auf Bauraum, Effizienz, Dauerleistung sowie Materialeinsatz untersucht. Die Effizienz der Maschinen wird nicht nur anhand ihrer Kennfelder betrachtet, sondern auch mittels zweier Fahrzyklen – dem WLTC und dem RTS95. Zum Abschluss des Artikels findet eine Gegenüberstellung und Bewertung der vorgestellten Maschinen statt. Das Ziel hierbei ist es, dass durch den technischen Vergleich für spezifizierte Randbedingungen der optimale Maschinentyp ausgewählt werden kann.

Schlüsselwörter: Elektrische Maschinen · Synchronmaschine · Asynchronmaschine · PMSM · FSM · ASM · Automotive · Ölkühlung

1 Einleitung

Nicht erst seit dem Beschluss eines EU-weiten Verbots von PKWs mit Verbrennungsmotor ab dem Jahre 2035 wächst die Anzahl von elektrisch betriebenen Fahrzeugen (BEV: engl. Battery Electric Vehicle) in den letzten Jahren stark an. Bereits in wenigen Jahren werden mehr BEVs als klassische PKWs mit einem Verbrennungsmotor produziert werden. Ein Augenmerk der Kundschaft richtet sich dabei vor allem auf die reale Reichweite der Fahrzeuge mit einer Batterieladung. Einen großen Einfluss darauf hat u. a. die elektrische Traktionsmaschine, die in diesem Artikel genauer untersucht wird: Heutzutage werden vor allem drei verschiedene Maschinentypen in BEVs eingesetzt: die permanentmagneterregten Synchronmaschinen (PMSM), die fremderregten Synchronmaschinen

A. Heintzel (Hrsg.): EFPWRT 2022, Proceedings, S. 1–12, 2023.
https://doi.org/10.1007/978-3-658-42553-1_1

(FSM) und die Asynchronmaschinen (ASM). Daher stellt sich immer häufiger die Frage welcher Maschinentypen am geeignetsten ist. Neß et. al haben in [1] die ASM und zwei Arten der PMSM für den Einsatz als sekundäre Maschine im PKW untersucht. Finken et. al. zeigten in [2] in welchen Drehmoment-Drehzahlbereichen die ASM, PMSM und die geschaltete Reluktanzmaschine (SRM) im Einsatz als Antrieb eines Hybridautos den jeweils besten Wirkungsgrad besitzt. In diesem Artikel sollen eine ASM, eine FSM und eine PMSM mit gleicher Spitzenleistung und gleichem Spitzendrehmoment in Hinblick auf ihren Einsatz als einziger Traktionsmotor in einem PKW miteinander verglichen werden. Der Fokus liegt hierbei auf den Bereichen Leistungsdichte, Dauerleistung sowie Effizienz unter Berücksichtigung der Rohstoffmärkte und Verfügbarkeiten sowie aktueller technischer Fortschritte.

2 Elektrische Maschinen in Elektrofahrzeugen

2.1 Allgemeine Vorstellung der betrachteten Maschinentypen

Für den technischen Vergleich der drei Maschinentypen, wird jeweils eine ASM, eine FSM und eine PMSM ausgelegt. Die Randbedingungen für die Auslegung entsprechen typischen Leistungsdaten von Elektrofahrzeugen des C-Segments, wie diese aktuell auf dem Markt zu finden sind. Die Spitzenleistung soll demnach ca. 150 kW und das Spitzendrehmoment 330 Nm betragen. Zur Kühlung kommt bei allen Maschinentypen eine Öl-Spraykühlung zum Einsatz auf die in Kapitel 2.3 genauer eingegangen wird. Die maximale Drehzahl der Maschinen beträgt 14.000 min^{-1} und die Zwischenkreisspannung wird auf 330 V festgelegt. Zudem wird der Außendurchmesser des Statorblechpakets mit 235 mm bei allen drei Maschinen gleich groß gewählt. So kann über die Aktivlänge direkt auf die Bauraumunterschiede geschlossen werden.

Permanentmagneterregte Synchronmaschine

Die permanentmagneterregte Synchronmaschine ist unter den Traktionsmaschinen die am meisten verbreitete Technologie. Das liegt hauptsächlich daran, dass das Rotorfeld über Permanentmagneten erregt wird, welche eine hohe Drehmoment- und Leistungsdichte erlauben, was für die Automobilhersteller ein wesentliches Kriterium ist.

Die Charakteristik einer PMSM muss in zwei unterschiedlichen Bereichen analysiert werden: Bei niedrigen Drehzahlen, bei denen die Klemmenspannung der Maschine noch unterhalb der Zwischenkreisspannung liegt, wird in die Maschine nur der benötigte Strom eingespeist, um das erforderliche Drehmoment zu erreichen. Weil keine zusätzliche Energie für die Magnetisierung des Rotors notwendig ist, kann die Maschine in diesem Bereich mit einem hohen Wirkungsgrad betrieben werden.

Bei Drehzahlen oberhalb der Eckdrehzahl, muss ein Teil des Stroms dazu verwendet werden, um dem magnetischen Feld des Rotors entgegenzuwirken, da sonst die induzierte Spannung durch den Rotor größer als die Klemmenspannung am Stator wäre. Dieser Strom erzeugt ohmsche Verluste in der Wicklung, ohne zur Drehmomentbildung beizutragen. Zusätzlich steigen die Eisenverluste aufgrund einer erhöhten elektrischen Frequenz an. Dies führt dazu, dass der Wirkungsgrad mit höheren Drehzahlen abnimmt (siehe Abb. 1).

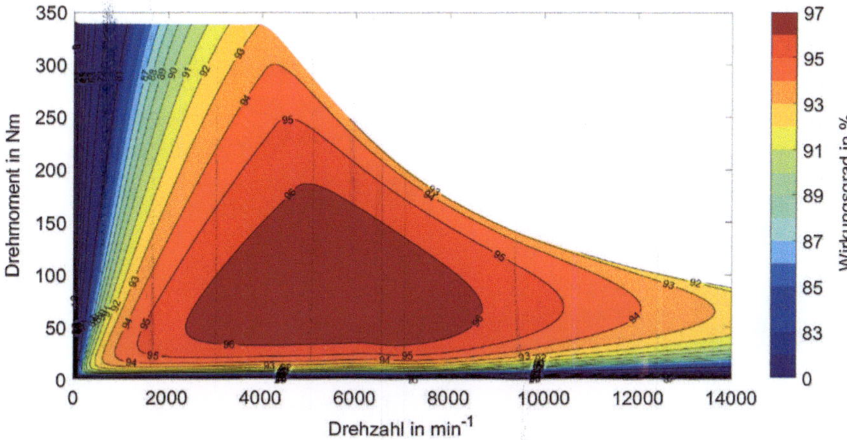

Abb. 1. Wirkungsgradkennfeld der verwendeten PMSM

Fremderregte Synchronmaschine

Die fremderregte Synchronmaschine ist in ihrer Funktionsweise ähnlich wie die PMSM, mit dem Unterschied, dass das Rotorfeld nicht von Permanentmagneten, sondern von sich im Rotor befindlichen Spulen erregt wird. Damit entstehen im Rotor höhere Verluste, was den Kühlungsbedarf dieses Maschinentyps stark beeinflusst.

Ein Merkmal bei fremderregten Maschinen ist die Notwendigkeit, die Rotorspulen mithilfe einer externen Quelle mit Strom zu versorgen. Klassischerweise werden Schleifringsysteme mit konduktiven Kohlebürsten verwendet, um gleitenden Kontakt zwischen den rotierenden Spulen und der stationären Energiequelle zu gewährleisten. Reibung der Kontaktpartner führt zum Verschleiß der Kohlebürsten, sodass Kohlestaub freigesetzt wird. Dies ist ein großer Nachteil, da der leitfähige Kohlestaub sich direkt an den Wicklungen absetzen kann. Daher führt der Kohlestaub entweder zu einer schnelleren Alterung der Wicklungen oder aber der Bereich der Kohlebürsten muss extra isoliert werden, um dies zu vermeiden.

MAHLE hat als Alternative dazu das kontaktloses Rotorerregersystem MCT entwickelt [3], dass auf dem Prinzip der induktiven Übertragung beruht (MCT – MAHLE Contactless Transmitter). Die innovative Technologie bietet den Vorteil, dass kein Verschleiß auftritt und Kompatibilität mit 800-V-Systemen gewährleistet ist. Es wird kein zusätzlicher Bauraum für das Erregersystem benötigt, da eine Integration in den vorhandenen Bauraum der Maschine einfach möglich ist.

Wegen der zusätzlichen Verlustleistung in der Rotorwicklung weist die FSM bei niedrigen Drehzahlen im Vergleich zur PMSM einen niedrigeren Wirkungsgrad auf. Auf der anderen Seite bringt ein variables magnetisches Feld im Rotor den Vorteil, dass dieses bei hohen Drehzahlen und niedrigen Drehmomenten nicht ausschließlich durch einen zusätzlichen Stromanteil im Stator geschwächt werden muss. So kann der Motor im Feldschwächbereich mit hohem Wirkungsgrad betrieben werden (siehe Abb. 2).

Ein zusätzlicher Effekt des variablen Rotorfelds ist die Möglichkeit, die Maschine mit optimalem Leistungsfaktor zu betreiben. Das führt dazu, dass die FSM einen niedrigeren Statorstrom im Vergleich zur PMSM benötigt, um die gleiche maximale Leistung zu erreichen. Damit kann der Umrichter kleiner dimensioniert werden, was den zusätzlichen Kosten des Erregersystems im Rotor entgegenwirkt.

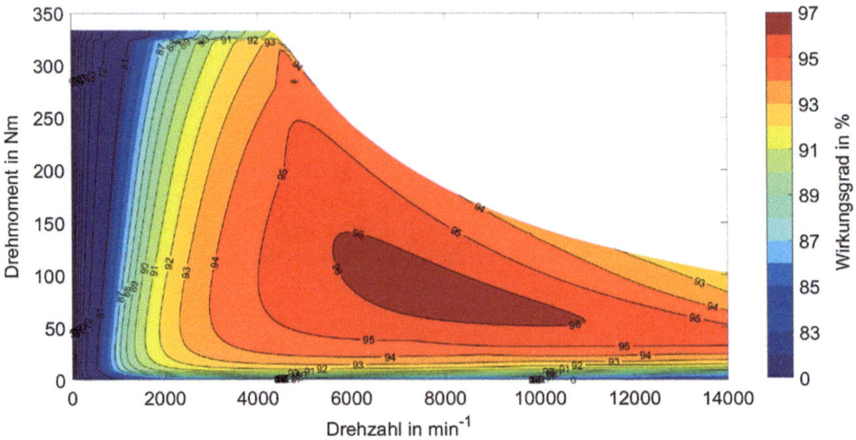

Abb. 2. Wirkungsgradkennfeld der verwendeten FSM

Asynchronmaschine

Die Asynchronmaschine besitzt bei ihrem Einsatz als Traktionsmaschine im Automobilbereich weder einen festen magnetisierten Rotor, wie die PMSM, noch ein Erregersystem, um diesen mit Strom zu versorgen, wie die FSM. Stattdessen werden in den massiven kurzgeschlossenen Rotorstäben, die meist aus Kupfer oder Aluminium sind, über das magnetische Feld des Stators Spannungen induziert. Der Rotor muss daher mit einer anderen Frequenz als das Statorfeld betrieben werden, der Rotor läuft asynchron. Der Aufbau und die Funktionsweise hat zwei direkte Effekte: als Erstes eine einfache, robuste und günstige Maschine, dessen Rotor nur aus Elektroblech und Kupfer oder Aluminium besteht und hohen Temperaturen standhalten kann. Zweitens führt die Magnetisierung über den Stator zu Nachteilen in der Performance der Maschine.

Ähnlich wie die FSM hat die ASM ein variables Rotorfeld. Der Rotorstrom führt allerdings auch zu zusätzlichen ohmschen Verlusten. Daher ist die Verteilung des Wirkungsgrads im Maschinenkennfeld in beiden Fällen vergleichbar. Der Hauptunterschied zwischen den Maschinentypen liegt darin, dass eine Veränderung des Rotorfelds bei einer Asynchronmaschine nur mit gleichzeitiger Veränderung von deren Statorfeld möglich ist. Das bedeutet, dass der Statorstrom bei steigender Drehzahl immer kleiner wird und dementsprechend die Leistung der ASM im Feldschwächbereich rasch abfällt. Hat die ASM ihren Kippschlupf erreicht, so fällt das Drehmoment im Feldschwächbereich mit $1/n^2$ ab, was auch zu einem linearen Abfall der mechanischen Leistung mit der Drehzahl führt.

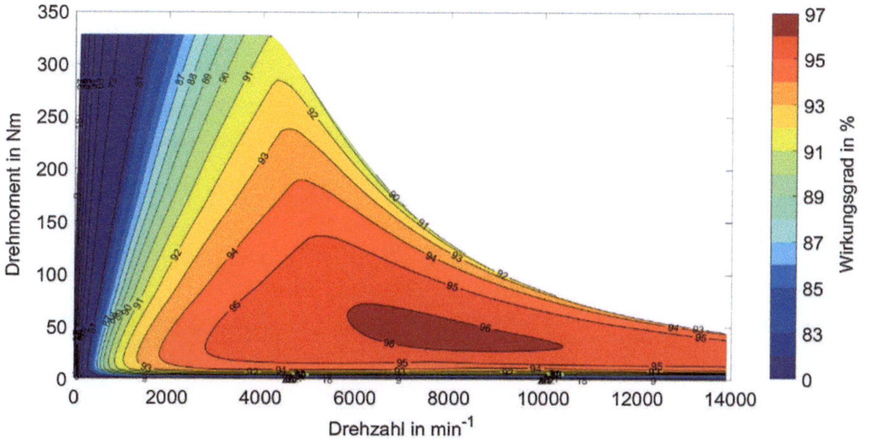

Abb. 3. Wirkungsgradkennfeld der verwendeten ASM

2.2 Verwendete Maschinen und ihre Charakteristiken

Wie bereits erwähnt, besitzen die drei für diesen Artikel ausgelegte Maschinentypen mit 235 mm den gleichen Statoraußendurchmesser. Die größere Leistungsdichte der PMSM spiegelt sich in den Aktivlängen der drei Maschinen wider: Mit 92 mm besitzt die PMSM die kürzeste Aktivlänge, gefolgt von der FSM mit 95 mm und der ASM mit 98 mm. Aufgrund eines besseren Leistungsfaktors benötigt die FSM mit 410 A einen geringeren Statorstrom als die PMSM und die ASM. Jedoch muss beachtet werden, dass ein zusätzlicher Rotorstrom benötigt wird. Die genauen Daten der drei Maschinen können Tab. 1 entnommen werden.

Die Wirkungsgradkennfelder der drei Maschinen sind in Abb. 1, 2, and 3 dargestellt. Da die PMSM keinen Stromfluss im Rotor benötigt, weist die Maschine trotz kleinstem Bauraum den größten Bereich mit einem Wirkungsgrad von über 96 % auf. Dieser liegt vor allem im Bereich der Eckdrehzahl und bei höheren Lasten (Abb. 1). Sowohl die ASM als auch die FSM haben ebenfalls Bereiche mit über 96 % Wirkungsgrad. Diese liegen aber bei höheren Drehzahlen. Die ASM hat insbesondere bei kleinen Lasten einen sehr guten Wirkungsgrad (Abb. 3).

2.3 Angewandtes Kühlkonzept zur Realisierung hoher Leistungs- und Drehmomentdichten

Die Bereitstellung hoher kontinuierlicher Leistungs- und Drehmomentdichten nimmt im Kontext der Entwicklung von Elektromotoren für Traktionsantriebe an Bedeutung zu. Die Bereitstellung hoher Leistungen und Drehmomente unabhängig von vorangegangenen Betriebszuständen ermöglicht im Fahrbetrieb ein agiles Ansprechverhalten des Motors bei Beschleunigungsvorgängen und dem Überwinden von Anstiegen. Hohe kontinuierliche Leistungen im Betrieb erweitern zudem das Einsatzspektrum eines Motors über PKW-Anwendungen hinaus, sodass dieser als Antriebsmotor im Lastkraftwagen oder für Land- und Baumaschinen verwendet werden kann.

Tab. 1. Dimensionen und Leistungskenndaten der drei betrachteten Maschinentypen

	PMSM	**FSM**	**ASM**
Außendurchmesser	235 mm	235 mm	235 mm
Aktivlänge	92 mm	95 mm	98 mm
Gewicht	27,2 kg	29,6 kg	33,9 kg
Polzahl	8	8	6
Statornutzahl	48	48	54
Rotoraufbau	N50UH Magnete	Kupferwicklung	Kupferstäbe
Maximaler Strom	500 A	410 A	500 A
Maximale Leistung	153 kW	155 kW	148 kW
Maximales Drehmoment	338 Nm	333 Nm	330 Nm
Leistung @ maximaler Drehzahl	129 kW	150 kW	65 kW

Die Realisierung hoher kontinuierlicher Leistungs- und Drehmomentdichten erfordert eine bedarfsgerechte, effektive Kühlung des Systems. Im Betrieb anfallende Verlustleistung wird so aus dem Motorraum abgeführt und ein Überhitzen verhindert. Jeder der drei betrachteten Maschinentypen erfordert einen anderen Fokus der Kühlung auf die jeweils kritischen Teilkomponenten. Der Stator der drei Maschinentypen ist ähnlich ausgeführt, mit 6 Kupfer-Rechteckleiter-Lagen im Falle der PMSM und der FSM und 8 Kupfer-Rechteckleiter-Lagen bei der ASM; die maximale Temperatur des Kupfers in den Rechteckleiter-Wicklungen ist auf 180 °C begrenzt aufgrund bestehender Temperaturgrenzen des verwendeten Isolationsmaterials. Größere Unterschiede bestehen im Aufbau der Rotoren. Die PMSM weist im Rotor keine Kupferverluste auf, allerdings sind die im Rotor vorhandenen Permanentmagnete mit einer maximalen Einsatztemperatur von 150 °C temperaturkritisch. Hohe Eisenverluste bei hohen Drehzahlen erfordern eine effektive Kühlung des Rotors und der darin vergrabenen Magnete. Bei der FSM und der ASM wird die Rotorerregung durch den Rotorstrom in den Rotorkupferwicklungen verursacht. Wie im Stator begrenzt bei diesen Maschinen das Isoliermaterial der Kupferwicklung die maximale Temperatur; in dem vorliegenden Fall auf 180 °C. Allen Maschinentypen ist somit gemeinsam, dass hohe kontinuierliche Leistungs- und Drehmomentdichten eine effiziente Kühlung erfordern.

MAHLE hat ein neuartiges Kühlsystem für elektrische Maschinen entwickelt, welches im SCT-Motor (Superior Continuous Torque, kurz SCT) zum Einsatz kommt [4]. Es konnte messtechnisch für eine PMSM nachgewiesen werden, dass mit diesem Kühlsystem eine sehr hohe Dauerleistung von über 90 % der Spitzenleistung der getesteten Maschine erreicht werden kann. Ermöglicht wird dies durch eine innovative, effektive und effiziente Öl-Direktkühlung der Komponenten sowohl im Rotor als auch im Stator.

Das hier für die drei unterschiedlichen Maschinentypen untersuchte Kühlsystem ist eine adaptierte Variante des in [4] beschriebenen Systems. Das Kühlsystem wurde leicht variiert, um den Einsatz bei jedem der betrachteten Maschinentypen zu ermöglichen.

Die Welle des Motors ist dabei als Hohlwelle ausgeführt. Das Öl strömt in die Hohlwelle mit einem Volumenstrom von 5 l/min und einer Eingangstemperatur von 75 °C. Jeweils drei an den beiden Seiten der Welle vorhandene Bohrungen ermöglichen den Austritt des Öls in den Motorraum. Das aus der Welle austretende Öl wird an die Rotorstirnflächen, die Rotorwickelköpfe und die Statorwickelköpfe gesprüht, um dort Wärme abzuführen. Anschließend wird das Öl in einem Ölsumpf aufgefangen, mittels einer Ölpumpe aus dem Motorraum abgeführt und über einen Wärmeübertrager gekühlt, um ins System rückgeführt werden zu können.

2.4 Kontinuierliche Leistung und kontinuierliches Drehmoment

In Lastenheften werden kontinuierliche Leistungen und Drehmomente meist so spezifiziert, dass diese über einen Zeitraum von 30 min vom Motor bereitgestellt werden sollen, ohne ein Überhitzen der temperaturkritischen Teilkomponenten zu verursachen.

In dieser Untersuchung wird die Anforderung der kontinuierlichen Leistung und des kontinuierlichen Drehmoments konservativer betrachtet: der Motor arbeitet dauerhaft in den betrachteten Betriebspunkten und erreicht im stationären Zustand die maximal zulässige Temperatur der kritischen Komponenten.

Mittels thermischer Simulationen werden Dauerleistungen und Dauermomente ermittelt (siehe Abb. 4 und Abb. 5). Die FSM weist ein maximales Dauermoment von 270 Nm auf, das ab 3000 min^{-1} abfällt. Bei dieser Maschine erweist sich vor allem die maximale Temperatur der Rotorwicklung als dauerleistungslimitierend. Aufgrund anfallender ohmscher Verluste durch den anliegenden Rotorstrom werden dort Leistungsverluste verursacht. Die maximale kontinuierliche Leistung ist auf 105 kW begrenzt. Die PMSM weist ein maximales kontinuierliches Drehmoment beim Start des Motors von 310 Nm auf, welches bei höheren Drehzahlen abfällt. Bei höheren Drehzahlen verursachen höhere Eisenverluste die Leistungslimitierung der Maschine im Feldschwächbereich. Die Magnettemperatur von 150 °C stellt die kritische Temperaturkomponente dar. Die maximale kontinuierliche Leistung liegt bei 115 kW bei 4500 min^{-1}. Diese fällt bis auf 60 kW bei einer Drehzahl von 14.000 min^{-1} ab. Die ASM liefert eine maximale kontinuierliche Leistung von 110 kW. Bei der ASM fällt das maximale Drehmoment im Feldschwächbereich proportional zu $1/n^2$ ab. Dies führt dazu, dass in diesem Bereich die kontinuierliche Leistung identisch mit der maximalen Leistung ist; die Leistung fällt somit linear ab. Die Kühlung hätte eine höhere kontinuierliche Leistung erlaubt, die elektromagnetische Charakteristik der Maschine limitiert allerdings höhere maximale kontinuierliche Leistungen.

2.5 Verwendete Materialien

Die drei hier analysierten Maschinentypen bestehen in ihren Aktivteilen grundsätzlich aus zwei Materialien: Kupfer und Elektroblech.

Das Erste wird wegen seiner guten elektrischen Leitfähigkeit in die Wicklungen eingebaut, um ohmsche Verluste zu minimieren. Das Letztere ist ein besonderes Material, das durch spezielle Legierungen eine optimale Kombination von guter magnetischer Leitfähigkeit, niedrigen Eisenverlustdichten und hoher mechanischer Festigkeit sowie Duktilität erzielt.

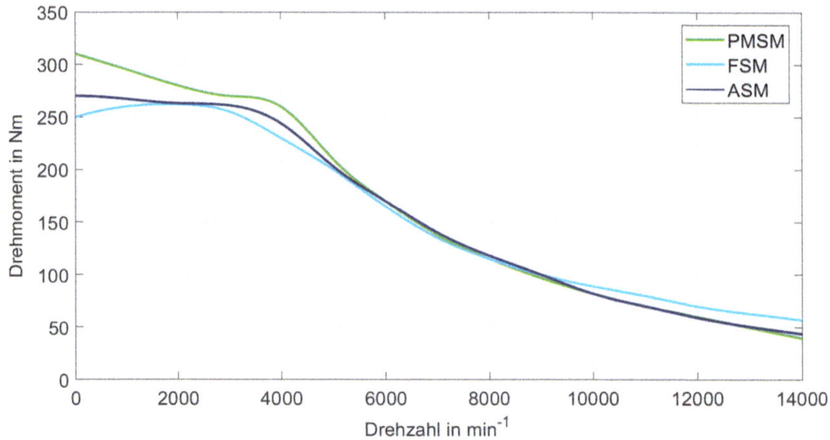

Abb. 4. Dauerdrehmoment der PMSM (grün), FSM (hellblau) und ASM (dunkelblau)

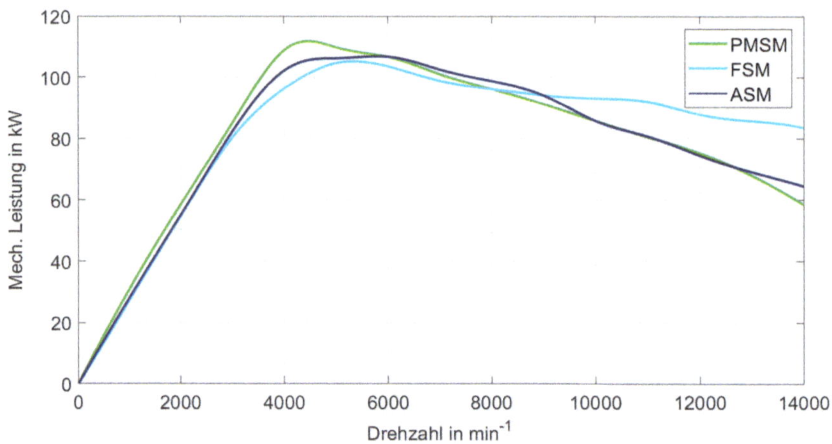

Abb. 5. Mech. Dauerleistung der PMSM (grün), FSM (hellblau) und ASM (dunkelblau)

Eine Besonderheit bei permanentmagneterregten Synchronmaschinen ist der Einsatz von Permanentmagneten, um das Rotorfeld zu erzeugen. Starke Permanentmagnete, die typischerweise in Traktionsmaschinen verwendet werden, bestehen unter anderem aus seltenen Erden, wie etwa Neodym, Terbium oder Dysprosium.

Die Materialien sind zum einen kostenintensiv, zum anderen stellt ihre Gewinnung eine hohe Belastung für die Umwelt dar. Zusätzlich werden weit über 90 % [5] aller Seltenerdmagnete in China produziert. Dadurch ist ein starkes geopolitisches Monopol entstanden, was eine planbare Verfügbarkeit der Magnete erschwert. In der folgenden Tabelle Tab. 2 sind die Mengen der Materialien dargestellt, welche für die hier betrachteten Maschinen notwendig sind.

Tab. 2. Massen der Teilkomponenten und Gesamtmasse der Maschinentypen

	PMSM	FSM	ASM
Kupfer	5.4 kg	9.9 kg	10.6 kg
Elektroblech	20.4 kg	19.7 kg	23.3 kg
Permanentmagnete	1.4 kg	–	–
Gesamt	27.2 kg	29.6 kg	33.9 kg

3 Fahrzyklussimulationen

Für einen Vergleich der drei unterschiedlichen Maschinentypen im Systemkontext wird dessen Performance in einem C-Segment PKW bewertet. Die Masse des Fahrzeugs beträgt 1850 kg. Die weiteren für Fahrzyklen relevanten Daten des PKWs sind der Tab. 3 zu entnehmen.

Tab 3. Daten PKW

Fahrzeugmasse	**1850 kg**
Cw-Wert	0,25
Stirnfläche	2,2 m^2
Reifen	225/45/R17
Gesamtübersetzung	1:10,1

Mit den gewählten Daten erreicht das Fahrzeug eine maximale Geschwindigkeit von 160 km/h. Dies entspricht einer Motordrehzahl von 14.000 min^{-1}.

Als Fahrzyklus wird zum einer der WLTC (Worldwide harmonized Light Duty Test Cycle) und zum anderen der RTS 95 verwendet. Der RTS 95 repräsentiert einen hinsichtlich der Lastanforderung deutlich herausfordernderen Fahrer im Vergleich zum WLTC.

Ausgehend von den Fahrzeugdaten und den Zyklen wird das benötigte Raddrehmoment und die Raddrehzahl berechnet. Da der Fokus dieses Artikels auf dem Motor liegt, wird der mechanisch Wirkungsgrad der Achse inkl. Getriebe mit 98 % und der Wirkungsgrad des Umrichters mit 97 % konstant angenommen. Der Verbrauch der Nebenaggregate, zur Versorgung der Kühlkreisläufe von Motor, Inverter und Batterie, beträgt 300 W. Zum besseren Vergleich wird bei allen drei Maschinen eine konstante Statorwicklungstemperatur von 90 °C und eine konstante Rotorwicklungs- bzw. eine Magnettemperatur von ebenfalls 90 °C angenommen. Die Batteriespannung wird während der kompletten Fahrzyklen als konstanter Wert in Höhe von 330 V angenommen.

3.1 WLTC

In Abb. 6 wird das benötigte Drehmoment in Abhängigkeit der Drehzahl für den WLTC-Zyklus gezeigt. Die Linien kennzeichnen das maximale Drehmoment der verwendeten Maschinen. Es ist deutlich zu erkennen, dass bei dem WLTC nur etwa ein Drittel des maximalen Drehmoments benötigt wird und vor allem Punkte im Teillastbereich angefahren werden (siehe Abb. 6). Daher weist die Asynchronmaschine mit einem Energiebedarf von 12,2 kWh pro 100 km auch den geringsten Verbrauch auf, da der Wirkungsgrad vor allem bei sehr kleinen Drehmomenten bereits größer als 90 % ist.

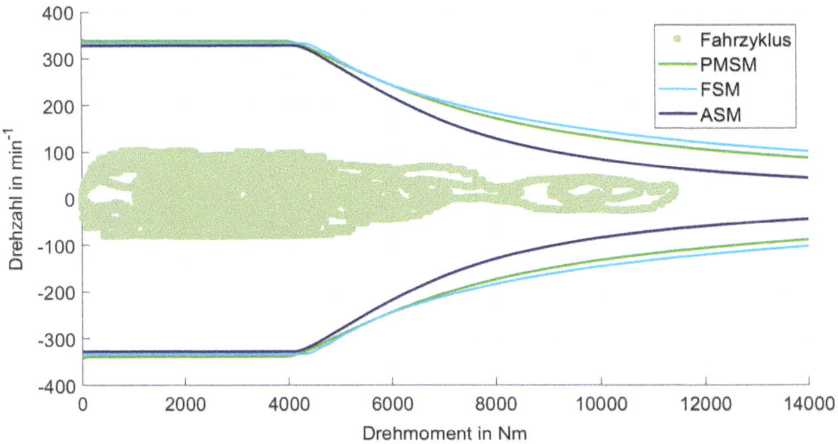

Abb. 6. Drehzahl und Drehmoment bei dem WLTC Zyklus

Die PMSM und die FSM benötigen mit 12,4 kWh pro 100 km 0,2 kWh mehr Energie als die ASM. Der Unterschied zwischen den drei Maschinen fällt mit einer Abweichung von unter 2 % allerdings sehr gering aus. Alle drei Maschinentypen können in Bezug auf ihre Effizienz, gemessen am WLTC-Zyklus, als nahezu gleichwertig betrachtet werden.

3.2 RTS 95

Abb. 7 zeigt den Drehmomentbedarf in Abhängigkeit der Drehzahl für den RTS 95. Im Vergleich zum WLTC (Abb. 6) fällt sofort auf, dass deutlich höhere Drehmomente und somit höhere Leistungen von der elektrischen Maschine benötigt werden. Die Asynchronmaschine kann bei höheren Drehzahlen das geforderte Drehmoment nicht mehr aufbringen und es kann somit kein Energiebedarf für diese Maschine ermittelt werden.

Wie bereits erwähnt, liegt dies an der Tatsache, dass die Leistung der ASM im Feldschwächbereich linear mit der Drehzahl abfällt. Soll die ASM bei größeren Geschwindigkeiten eine höhere Leistung erbringen, muss diese größer dimensioniert werden und würde u. a. ein höheres maximales Drehmoment aufweisen. Da der Fokus dieses Artikels auf Maschinentypen mit gleichem maximalem Drehmoment und gleicher Leistung liegt, wird darauf verzichtet.

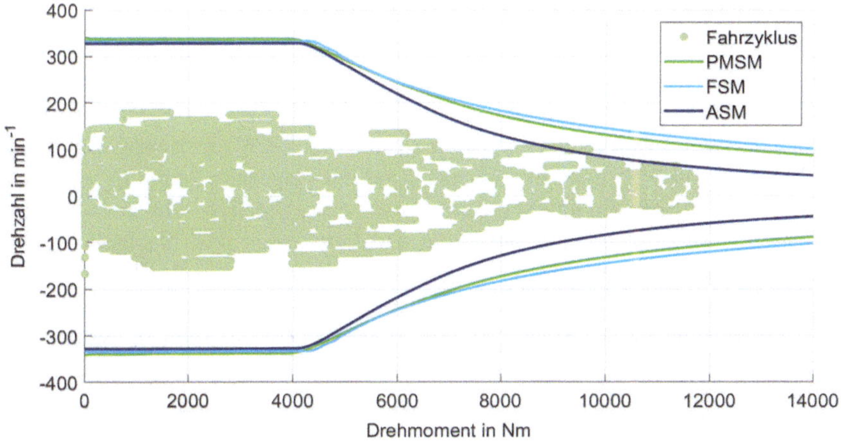

Abb. 7. Drehzahl und Drehmoment bei dem RTS95 Zyklus

Der Energiebedarf der PMSM ist mit 14,0 kWh / 100km ca. 0,2 kWh/ 100 km geringer als der Bedarf der FSM. Der Verbrauch ist ca. 13 % größer als im WLTC Zyklus und es zeigt sich erneut, dass sich der Verbrauch bei der PMSM und der FSM nur geringfügig unterscheiden.

4 Bewertung und Vergleich

Die Fahrzyklus-Simulation zeigt, dass alle drei Maschinentypen auf einem sehr ähnlichen Stand sind, was den Wirkungsgrad der Maschinen angeht. Die ASM hat aufgrund ihrer Charakteristik insbesondere bei sehr geringen Drehmomenten einen Vorteil im Wirkungsgrad im Vergleich zu den anderen beiden Maschinen. Da gerade beim WLTC diese sehr geringen Lasten häufig angefahren werden, schneidet die ASM hier am besten ab. Den höchsten Wirkungsgrad weist die PMSM auf, da im Rotor kein zusätzlicher Strom fließt und damit auch keine ohmschen Verluste anfallen. In Abb. 1 ist erkennbar, dass gerade um die Eckdrehzahl ein sehr großer Bereich einen Wirkungsgrad von größer als 96 % aufweist. Wie jedoch bereits erwähnt, muss mit steigender Drehzahl das magnetische Feld der Permanentmagneten aktiv mit dem Statorstrom geschwächt werden. Bei der ASM und FSM kann das Magnetfeld des Rotors aktiv angepasst werden. Daher haben beide Maschinentypen einen höheren Wirkungsgrad bei hohen Drehzahlen im Vergleich zur PMSM.

Wird die Leistungs- und Drehmomentendichte betrachtet, zeigt sich, dass die PMSM die höchste besitzt, gefolgt von der FSM und der ASM. Dieser Vorteil wird allerdings mit Hilfe von Permanentmagneten erreicht. Wie bereits erwähnt, bestehen diese aus Seltenerdenmaterialien und müssen daher als kritisch eingestuft werden, sowohl was Preisvolatilität als auch Abhängigkeiten in der Lieferkette angeht.

5 Zusammenfassung

In diesem Artikel wurden die grundsätzlichen Eigenschaften der Asynchronmaschine, der fremderregten Synchronmaschine und der permanentmagneterregten Synchronmaschine aufgezeigt und jeweils eine Maschine für einen PKW aus dem C-Segment ausgelegt. Mit Hilfe von Fahrzyklen und der direkten Gegenüberstellung wird gezeigt, dass sich alle drei betrachteten Maschinentypen grundsätzlich sehr gut als Traktionsantrieb für PKWs eignen. Jede Maschine hat dabei Vor- bzw. Nachteile gegenüber den anderen Maschinentypen. Es hängt daher sehr stark von den Randbedingungen ab, welcher Maschinentyp die an ihn gestellten Anforderungen bestmöglich erfüllt. Kritisch muss die Lage mit der Beschaffung der starken Permanentmagneten aus Seltenen Erden betrachtet werden.

Literatur

1. Neß, W., Raggl, K.: E-Motortypen für sekundäre Elektroantriebe im Vergleich. MTZ Motortechnische Zeitschrift **83**, 40–45 (2022)
2. Finken, T., Felden, M., Hameyer, K.: Comparison and design of different electrical machine types regarding their applicability in hybrid electrical vehicles. International Conference on Electrical Machines (ICEM), (2008)
3. Grelle, T., Schmülling, C., Zimmerschied, P.: Magnetfreie HV-Traktionsantriebe mit kontaktloser Leistungsübertragung. MTZ Motortechnische Zeitschrift **82**, 30–35 (2021)
4. MAHLE Homepage: https://www.mahle.com/de/news-and-press/press-releases/mahle-entwickelt-ausdauerstarksten-e-motor-91264. aufgerufen 29 Sept 2022
5. Gauß, R. et.al.: Rare earth magnets and motors: A European call for action. A report by the Rare Earth Magnets and Motors Cluster of the European Raw Materials Alliance. Berlin (2021)

PEM Fuel Cell Application – From Components to Systems

Mathias Reum(✉), Simon Schlirf, und Benjamin Daniel

Schaeffler Technologies AG & Co. KG, Herzogenaurach, Germany
{mathias.reum,simon.schlirf,benjamin.daniel}@schaeffler.com

Zusammenfassung. Die Brennstoffzelle ergänzt rein batterieelektrische Mobilität dort, wo Fahrzeuge mit hohen Massen große Reichweiten erzielen sollen. Die Schaeffler-Strategie zielt darauf ab, sowohl die Wasserstoffproduktion aus regenerativ erzeugtem Strom als auch die Rückverstromung in der Brennstoffzelle an Bord der Fahrzeuge wirtschaftlicher zu machen, als dies heute angesichts kleiner Stückzahlen möglich ist. Der Schlüssel dazu liegt in einer Industrialisierung der Herstellprozesse von Komponenten, Subsystemen und perspektivisch auch kompletten Brennstoffzellensystemen.

Auf Komponentenebene entwickelt Schaeffler ein Bipolarplatten-Modul, das konsequent auf die Industrialisierung in hohen Stückzahlen ausgelegt ist. Ein technisch herausragendes Merkmal der Bipolarplatte ist ein von Schaeffler entwickeltes Beschichtungssystem, das eine Passivierung verhindert und so eine hohe Standzeit ermöglicht. Auf Ebene der Subsysteme spielt die Medienversorgung eine wesentliche Rolle für Leistung und Dauerhaltbarkeit der Brennstoffzelle. Für den Luftpfad entwickelt Schaeffler einen Verdichter, der aufgrund eines Folien-Luftlagers einen reibungs- und schmierungsfreien Betrieb erlaubt. Für den Wasserstoffpfad sind Rezirkulationsdüsen in Entwicklung, die eine präzise und reproduzierbare Mengensteuerung erlauben. Des Weiteren arbeitet Schaeffler an Subsystemen für Thermomanagement und elektronische Steuerung der Brennstoffzelle sowie an Stacks als Komplettmodul. Als Entwicklungsplattform kommt dafür ein in Kooperation mit einem Brennstoffzellen-Systemintegrator entwickeltes Brennstoffzellensystem mit einem Stack aus dem Hause Schaeffler zum Einsatz, das im Juni 2022 in ein leichtes Nutzkraftfahrzeug integriert und dessen alltagstaugliche Fahrtüchtigkeit nachgewiesen wurde.

Vom Produktionsstart für großserientaugliche Bipolarplattenmodule bis hin zur Systemerprobung in realen Fahrzeugen deckt Schaeffler alle technischen Facetten ab, die eine schnelle Industrialisierung der Brennstoffzelle ermöglichen.

Schlüsselwörter: PEM Fuel Cell · Bipolar Plate · Coating · Hydrogen Recirculation · Thermal Management · Fuel Cell Compressor · Control Unit · Vehicle Integration · Mass Production

A. Heintzel (Hrsg.): EFPWRT 2022, Proceedings, S. 13–26, 2023.
https://doi.org/10.1007/978-3-658-42553-1_2

1 Warum Wasserstoff im Verkehr sinnvoll ist

Der Wandel zu erneuerbaren Energien vollzieht sich weltweit rasch, mittlerweile deutlich sichtbar auch im Sektor der Mobilität. Grund dafür sind Gesellschaftsthemen wie Klimawandel und Energiewende, sowie hausgemachte Denkanstöße wie der Dieselskandal. Die Internationale Energieagentur IEA erwartet, dass im Jahr 2026 fast 95 % der weltweiten Neuinvestitionen in Energieerzeugungsanlagen im Bereich der erneuerbaren Energien erfolgen [1]. Diese Anlagen erzeugen fast ausschließlich Strom, der überwiegend wetterabhängig auf Basis von Photovoltaik und Windkraft erzeugt wird. Damit stellt sich immer drängender die Frage, wie dieser Strom möglichst effizient gespeichert werden kann, um Versorgungssicherheit rund um die Uhr zu gewährleisten. Eine Antwort darauf stellt die Wasserstoff-Brennstoffzelle dar, auch und vor allem im Bereich der Mobilität.

Der Hintergrund ist dabei noch nicht einmal, dass die Wasserstoff-Brennstoffzelle das in allen Belangen überlegene Antriebskonzept darstellen würde. Sie besitzt jedoch ein riesiges Potenzial, regenerativ erzeugten Strom als Treibstoff für die Mobilität von Morgen zu nutzen – und zwar in Form der im Wasserstoff gespeicherten chemischen Energie. Vergleicht man alle Optionen der Power-to-X Familie, dann ist über Elektrolyse aus grünem Strom produzierter Wasserstoff von allen chemischen Energieträgern am leichtesten und effizientesten herzustellen, und damit synthetischen Kohlenwasserstoffen überlegen. Wasserstoff aus „braunen“ Quellen, also erhalten aus Kohle oder aus der Reformation von Erdgas, macht in der Gesamtbetrachtung hinsichtlich Nachhaltigkeit dagegen keinen Sinn.

Die Nutzung des Wasserstoffs steht dabei nicht in Konkurrenz zur direkten Nutzung des grünen Stromes in der Batterie-Elektromobilität, sondern sie erweitert letztlich deren Einsatzgebiet und bietet die Möglichkeit, zur Zeit der Produktion nicht benötigte Energie effizienter in einem chemischen Energieträger zu speichern. Ausschlaggebend ist hier die Speicherdichte: die Moleküle des chemischen Energieträgers Wasserstoff plus die Hardware des jeweiligen Speichers zusammen wiegen für den Energieinhalt einer Kilowattstunde deutlich weniger als eine Batterie mit derselben nutzbaren Kapazität. Das heißt, Lagerung und Transport dieser Energie in Form von gespeichertem H_2 ist klar effizienter als die Verwendung von Batteriespeichern. Wichtig ist dies vor allem für die erwähnte Nutzung von Überschussenergie aus Sonne und Wind, wo Angebot und Nachfrage oft räumlich und zeitlich weit auseinander liegen und daher (Langzeit)-speicherung und -transport mit entsprechenden Kapazitäten notwendig wird.

Im Verkehrssektor ist Energiedichte seit jeher relevant, weil sie mit entsprechenden Reichweiten korrespondiert. Um dies zu verdeutlichen, wird im Folgenden die Fahrzeugebene betrachtet, also der Vergleich der Speichersysteme von Brennstoffzellenfahrzeugen (FCEV: Fuel Cell Electric Vehicles) und batterieelektrischen Fahrzeugen (BEV: Battery Electric Vehicles). Trotz großer Fortschritte in der Batterietechnik sind wasserstoffbetriebene Fahrzeuge hier weiterhin im Vorteil, und zwar sowohl hinsichtlich der volumetrischen als auch der gravimetrischen Energiedichte (siehe Abb. 1). Die volumetrische Dichte eines Wasserstoff-Tanksystems ist um den Faktor 2,4 höher als die eines Lithium-Ionen-Batteriesystems mit vergleichbarer Reichweite. Bei der gravimetrischen Energiedichte ermöglicht die Speicherung von Wasserstoff einen Wert von 1,84 kWh/kg. Zum Vergleich: Aktuelle Akkumulatoren in batterie-elektrischen

Fahrzeuge erreichen nur rund 15 % dieses Wertes [2]. Der höhere Antriebswirkungsgrad eines BEV ist nicht ausreichend, um diesen Nachteil auszugleichen. Dies gilt umso mehr, je größer und je eindeutiger ein Fahrzeug auf den Langstreckenbetrieb ausgerichtet ist.

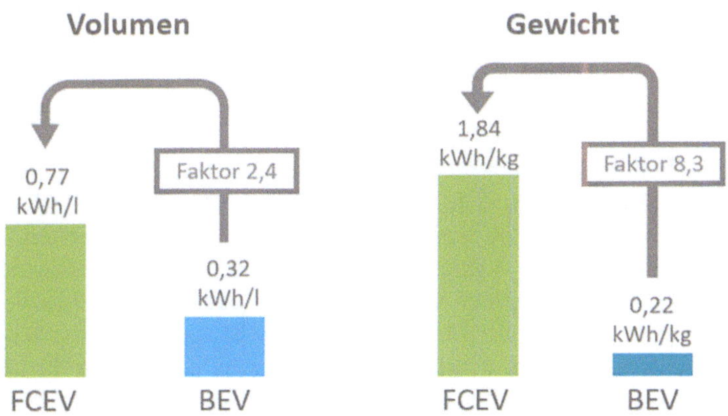

Abb. 1. volumetrische & gravimetrische Speicherdichten in BEV und FCEV

Denn Bauraum und Gewicht sind bei praktisch allen Straßenfahrzeugen an irgendeiner Stelle begrenzt, sodass die Kapazität einer Batterie – und damit die Reichweite – nicht beliebig erhöht werden kann. Fahrer von BEV im PKW-Bereich stoßen dabei Stand der Technik 2022 bereits im unteren 3stelligen km-Bereich in der Regel an der Grenze ihrer Reichweite. Bei Betrachtung einer nicht unüblichen Langstecken-Reise über ca. 700 km Autobahn wächst die Differenz in der Ankunftszeit eines BEV und eines gleich schnellen FCEV auf 2,5 – 3 h, begründet durch die Anzahl und Dauer der nötigen Lade- bzw. Tankstopps. Im Bereich Dienstreise – und evtl. auch der Urlaubsreise mit Familie – mag dieser Unterschied die Akzeptanzgrenze der Nutzer überschreiten.

Deutlich wird bei diesem Beispiel aus der gelebten Praxis vor allem ein bestimmter Vorteil von FCEV im Vergleich zu BEV: die Zeiten, die für die Energieaufnahme in das Fahrzeug benötigt werden. Relevanter als im PKW ist dies sogar noch für Nutzfahrzeuge, deren Amortisation aus Betreibersicht stark vom Auslastungsgrad abhängt. Nutzfahrzeuge über 10 t mit reinem Batterieantrieb sind für die allermeisten Anwender kaum noch rentabel in Einsatzszenarien zu betreiben, die der konventionellen Nutzung heute mit z. B. Dieselmotoren entsprechen. Vergleicht man für einen Schwerlast-Lkw die Betankungszeiten, so dauert es bei heutigen Dieselantrieben circa 22 s, bis die benötigte Kraftstoffmenge für 100 km an Bord ist. Für Wasserstoff steigt diese Zeit auf knapp 90 s an. Wird der Lkw hingegen an einem heute verfügbaren Schnelllader mit 350 kW Nennleistung betankt, so werden mehr als 1400 s (also mehr als 20 Minuten!) für 100 km Fahrstrecke benötigt. Megawattlader, wie sie zunehmend für den Lkw-Verkehr diskutiert werden, kommen noch immer auf Ladezeiten von ungefähr 500 s / 100 km, sind aber noch kein Stand der Technik und beeinträchtigen außerdem die Lebensdauer der Batterie.

Ein weiterer Vorteil der H_2-basierten Antriebe liegt in der Infrastruktur der Energieverteilung, an die bei rein batterie-elektrischer Mobilität erhebliche Anforderungen gestellt werden. In einem Szenario für nachhaltige Entwicklung rechnet die Internationale Energieagentur IEA mit einem durch die Elektromobilität verursachten Strombedarf der EU-Staaten in Höhe von 197 TWh, weltweit sogar von 861 TWh [3]. Diese Energie muss zusätzlich zu den heute existierenden Kapazitäten erzeugt werden, und zwar in relevanten Leistungen direkt während und in der Nähe des Ladebedarfs. Denn nur so werden ineffiziente Speicherung und Transport über lange Strecken in Batterien bzw. der Invest-intensive Ausbau der Leitungsnetze vermieden. Die vorrangige Nutzung regenerativer Energien ist mit diesen Randbedingungen deutlich erschwert, obwohl diese ein wichtiges Ziel für den Verkehrssektor darstellt.

Zur Verdeutlichung: eine durchschnittliche Tankstelle in Deutschland heute verkauft täglich Petrol-Kraftstoffe in einer Menge von circa 13,000 Litern [4], die einem Leistungsequivalent von durchschnittlich 5,1 MW über den Tag entsprechen. Setzen wir den Wirkungsgrad eines BEV doppelt so hoch an wie der eines Verbrenner-Fahrzeugs, dann bleibt im Durchschnitt immer noch eine nötige elektrische Anschlussleistung von >2,5 MW für eine Tankstelle, um in Zukunft dieselbe Menge BEV täglich bedienen zu können – dies entspricht mindestens einem Windrad von Standard-Größe unter Dauer-Volllast. Der Invest in Infrastruktur für ein „All-BEV"-Szenario ist also nicht irrelevant und wird von vielen Ländern der Welt nur schwer zu stemmen sein, auch weil nicht überall ein relevanter Anteil des Energiebedarfs durch „nächtliches Heimladen" mit bestehender elektrischer Infrastruktur übernommen werden kann.

Wird ein Teil dieses Bedarfs hingegen über Wasserstoff gedeckt, verschiebt sich die Herausforderung von infrastrukturellem Invest zur Logistik. Speicherung und Transport von chemischen Energieträgern existiert bereits heute mit den entsprechenden Standards – auch für Wasserstoff. Die räumlichen und zeitlichen Lücken zwischen Erzeugung und Bedarf lassen sich bei Verwendung von grünem H_2 als Kraftstoff bereits gut mit existierender Technologie schließen, z. B. Verflüssigung oder LOHC (Liquid Organic Hydrogen Carrier) für lange Transportwege. Für das Jahr 2030 erwartet das Marktforschungsunternehmen Frost & Sullivan eine weltweite Produktion von grünem Wasserstoff in Höhe von 5,7 Mt [5], was einer Energiemenge von 190 TWh entspräche, und damit schon einmal die von der IEA genannten Bedarfe der EU fast komplett abdecken könnte.

Trotz dieser Argumente bleibt die Aussage bestehen: Brennstoffzellen sind Teil der Elektromobilität und kein dazu alternatives Antriebskonzept. Tatsächlich spielen sie ihre Vorteile in einem erstaunlich großen Feld aus. Reine Batteriemobilität macht durchaus Sinn für kleinere PKW im städtischen Umfeld, mit wenig Tageskilometern und wenig Zuladung. Beim Schwerverkehr jedoch punktet die Brennstoffzelle bis in den Bereich der Eisenbahnanwendung, bevor bei noch schwereren Fahr- und Flugzeugen die synthetischen Kraftstoffe vorne liegen (welche übrigens auch aus H_2 gewonnen werden können). Letztlich befinden sich aber schon Familienkombis mit 2-3 t Fahrzeuggewicht und einer täglichen Fahrstrecke von >100 km in einem Bereich, in denen ein FCEV für den Anwender Sinn machen kann. Hier tragen v.a. die Betankungszeiten bei, welche im Alltag eines Viel- oder Weitfahrers ein entscheidender Faktor sein können. Zusammengenommen führen diese Betrachtungen zu dem Schluss, dass FCEV als die legitimen Nachfolger des Diesels betrachtet werden können (Abb. 2).

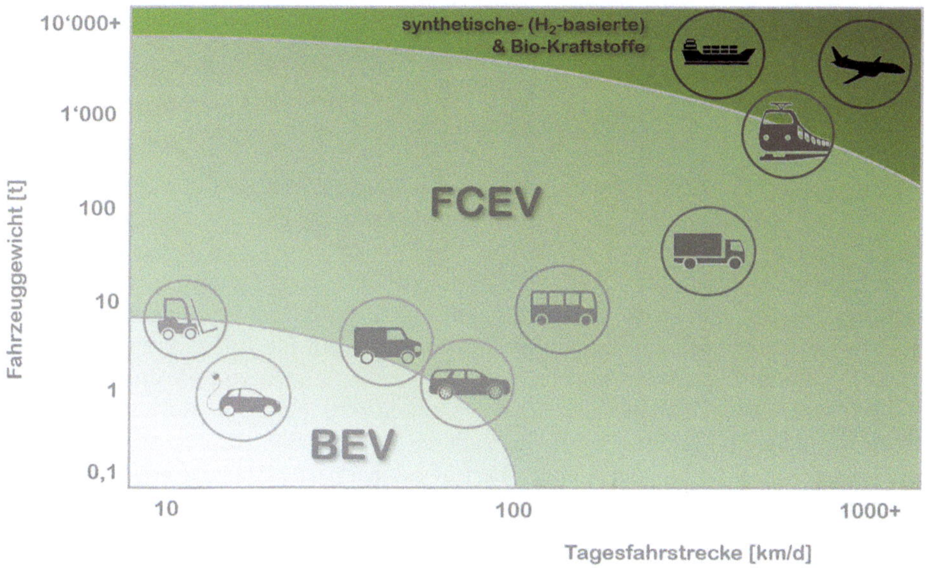

Abb. 2. Antriebsarten und ihre Einsatzgebiete, nach [6]

2 Der Schaeffler-Beitrag zur Industrialisierung von Brennstoffzellen

Eine Hürde für den Einsatz von Brennstoffzellen im Straßenverkehr stellen derzeit noch die hohen Herstellkosten dar, die Folge einer mangelnden Großserienproduktion sind. Während FCEV in der letzten Zeit mit ihren konventionell angetriebenen Pendants auf der technischen Seite hinsichtlich Leistung, Reichweite und Lebensdauer fast gleichziehen konnten, gilt dies nicht für die Kosten eines Brennstoffzellen-Antriebsstranges. Hauptgrund dafür – und zugleich Konsequenz – ist der schmale Fußabdruck von FCEV auf dem Markt, also die geringen Produktionsvolumen. Ein relevantes Problem hier sind die nicht vorhandenen Produktionskapazitäten sowie die Kosten für den Aufbau einer industrialisierten Produktion. Obwohl aus dem Blickwinkel der Produktentwicklung eine hohe technische Reife gegeben ist, haben Brennstoffzellensysteme schlicht und einfach noch nicht das Level an Industrialisierung erreicht, das bei Massenproduktion von konventionellen Fahrzeugteilen üblich ist.

Die Anstrengungen für eine Marktdurchdringung dieser Technologie besteht also vorrangig darin, nicht mehr unter Verwendung von High-Tech oder neuen Materialien den Wirkungsgrad einer Brennstoffzelle bis ins Letzte zu optimieren, sondern eine stabile und verlässliche Volumenfertigung sicherzustellen. Die dafür nötige Prozessentwicklung und Qualitäts-Standardisierung ist daher der nächste logische Schritt in Richtung einer wasserstoffbasierten Elektromobilität, welche als wichtiger Teil zu einer gesellschaftlichen Gesamtstrategie für nachhaltigen Verkehr beiträgt.

Der Schlüssel zu einer wirtschaftlicheren Herstellung liegt also in der effizienten Industrialisierung der wichtigsten Komponenten und Subsysteme. Diese Industrialisierung steht im Zentrum der Schaeffler-Strategie. Die System- und Antriebsstrang-Ebene sieht Schaeffler als Entwicklungsplattformen, um das für eine enge Zusammenarbeit mit Kunden notwendige System- und Integrations-Know-how zu erwerben. Auf allen Ebenen werden dabei das Produkt und relevante Simulationsmethoden parallel entwickelt.

2.1 Produkte für den Brennstoffzellenstapel

Ein Brennstoffzellenstapel besteht aus den Membran-Elektroden-Einheiten (MEA), den Bipolarplattenmodulen (BPP), sowie den Endplatten, Medienadaptern und dem Verspannsystem (BoS, Balance of Stack).

In einer PEM-Brennstoffzelle ist die Bipolarplatte eine Schlüsselkomponente. Sie macht bis zu 80 % des Stackgewichts und bis zu 65 % des Stackvolumens aus und ist daher für die Leistungsdichte enorm wichtig. Gleiches gilt für die Funktion: Die Bipolarplatte übernimmt die Trennung und Verteilung der Prozessgase sowie die Abfuhr von Produktwasser. Auch die Ableitung des erzeugten Stroms und die homogene Verteilung des Kühlmittels sind wichtige Aufgaben dieser Komponente. Bipolarplatten können grundsätzlich aus Graphit oder Metall gefertigt werden (siehe Abb. 3), wobei Schaeffler drei wesentliche Vorteile für metallische Platten sieht:

Erstens sind die zu erzielenden Wandstärken wesentlich für das Gesamtvolumen des Stacks. Mit graphitischen Bipolarplatten sind Restwandstärken von 700 bis 800 μm zu erreichen, woraus – beachtet man zusätzlich die nötigen Kanaltiefen – ein Abstand der Zellen von circa 3 mm resultiert. Mit metallischen Platten sinken diese Werte auf Materialdicken von 50 bis 100 μm und einen Zellabstand von weniger als 1 mm. Mindestens so wesentlich für die Energiedichte ist der zweite Vorteil metallischer Bipolarplatten: Sie vereinen eine wesentlich höhere elektrische Leitfähigkeit mit einer deutlich geringeren Permeabilität für Wasserstoff. Drittens hat die höhere Sprödigkeit von Graphit direkten Einfluss auf die Produktivität des Herstellprozesses. Sie erschwert die vollautomatisierte Handhabung, weil diese mit besonderer Vorsicht ausgeübt werden muss und deshalb praktischen Einschränkungen unterliegt. Soll eine Herstellzeit von weniger als einer Minute pro Bauteil (einschließlich Beschichtung) erreicht werden, ist daher eine größere Produktionsfläche vorzusehen.

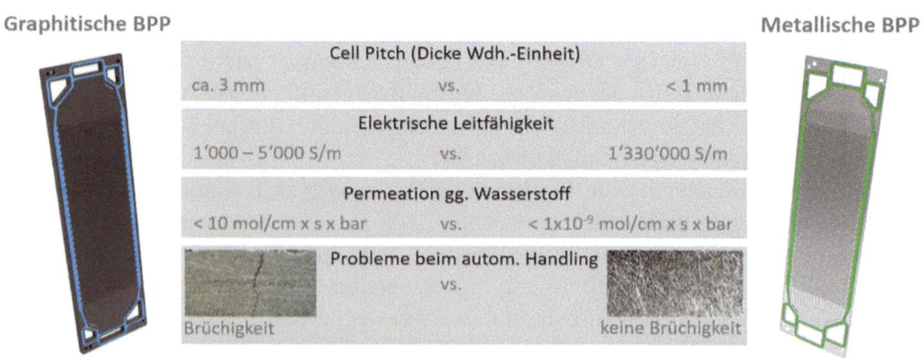

Abb. 3. Gegenüberstellung graphitischer und metallischer BPP

Ein differenzierendes technisches Merkmal der metallischen Bipolarplattenmodule von Schaeffler ist das Beschichtungssystem. Grund dafür, dass die Edelstahlplatten überhaupt beschichtet werden, obwohl sie keiner Korrosion unterliegen, ist das Phänomen der Passivierung. In der Legierung enthaltendes Chromoxid lagert sich über der Gebrauchsdauer an der Oberfläche der Platten ab und führt zu verminderter Leitfähigkeit der Elektronen am Übergang von der MEA zur Bipolarplatte. Aufgabe der Beschichtung ist es, eine hohe elektrische Leitfähigkeit über die gesamte Lebensdauer aufrecht zu erhalten sowie den Übergang von Metallionen in die MEA zu verhindern. Die Ionen würden sich mit der Zeit sowohl an dem aktiven Katalysatormaterial als auch an den Protonen-Durchtrittsstellen der Membran anlagern. Schaeffler hat deshalb mit der „Enertect"-Familie aktuell mehrere Schichtsysteme speziell für Bipolarplatten-Module entwickelt. Eines basiert auf Platingruppenmetallen für sehr hohe Lebensdaueranforderungen (prädestiniert für Anwendung auf Elektrolyseplatten), ein anderes auf einer kostengünstigen Kohlenstoffbeschichtung (optimal für BZ-Anwendungen). Schaeffler ist durch seine Kompetenz in der Oberflächentechnik weiterhin in der Lage, Kunden eine anwendungsspezifische Schichtentwicklung anzubieten und dabei Kosten und Leistung je nach Bedarf auszubalancieren. Aufgebracht werden die Schichtsysteme mit dem Verfahren der physikalischen Gasphasenabscheidung (PVD, Physical Vapour Deposition), welches sich – etwa in der Produktion von hochbelasteten Ventiltriebskomponenten – für die Großserienfertigung schon als geeignet erwiesen hat.

Das Umformen und das Beschichten dünner Stahlbauteile sind bekannt aus Herstellprozessen, die Schaeffler traditionell für Motor- und Getriebebauteile einsetzt. Auch das stoffschlüssige Fügen der beiden Flussfeldplatten, aus denen ein Bipolarplatten-Modul besteht, ist ein in den Schaeffler-Produktionslinien bekannter Prozess. Hierbei wird ein Laserschweißverfahren angewendet und für dieses Produkt verfeinert. Dem Aufbringen der Dichtung kommt nicht nur unter Qualitätsaspekten eine wichtige Rolle zu, denn dieser Prozessschritt spielt eine Schlüsselrolle für die Taktzeit in einer hochautomatisierten Produktion. Ähnliches gilt für die Qualitätssicherung, insbesondere wenn man in Betracht zieht, dass bereits ein einzelner 120-kW-Brennstoffzellenstapel mehr als 300 Bipolarplatten-Module umfasst.

Aktuell ist zu beobachten, dass die Lieferketten für Bipolarplatten-Module komplex sind, das heißt, dass Brennstoffzellenhersteller auf verschiedene in- und externe Lieferanten angewiesen sind, die jeweils nur Teilschritte der Fertigung übernehmen können. Eine skalierbare und mit hoher Qualität reproduzierbar zu fertigende Bipolarplatte entsteht, wenn die Prozessschritte in der Produktion innerhalb des Unternehmens verkettet erfolgen. Um die Industrialisierbarkeit der Schaeffler-Lösung nachzuweisen, hat das Unternehmen Anfang des Jahres 2022 eine Pilotanlage am Stammsitz in Herzogenaurach installiert (Abb. 4). Diese ermöglicht eine Jahresproduktion von mehr als 700.000 Bipolarplatten-Modulen für mobile Brennstoffzellenanwendungen.

Die Anlage ist konstruktiv so ausgelegt, dass dort auch größere Bipolarplatten für Elektrolyseure (bis zu 1800 x 600 mm) produziert werden können. Die einzelnen Prozessschritte der von Schaeffler inhouse konzipierten Pilotanlage sind bereits vollständig oder teilautomatisiert. Auch ist bereits ein Rolle-zu-Rolle-Verfahren konzipiert, bei dem alle Prozessschritte zunächst auf einer Endlos-Metallfolie durchgeführt werden und die Platten erst nach dem Dichtungsauftrag vereinzelt werden. Als finaler Teil der

Pilotlinie ist eine hochautomatisierte Stapelanlage integriert, welche das schnelle Assemblieren von BZ-Stapeln erlaubt. Die Stapeltechnologie ist für Schaeffler Stand 2022 eine Lernplattform, wobei sich der Konzern darauf vorbereitet, für einen sich entwickelnden Markt hier mittelfristig in die Produktentwicklung zu gehen.

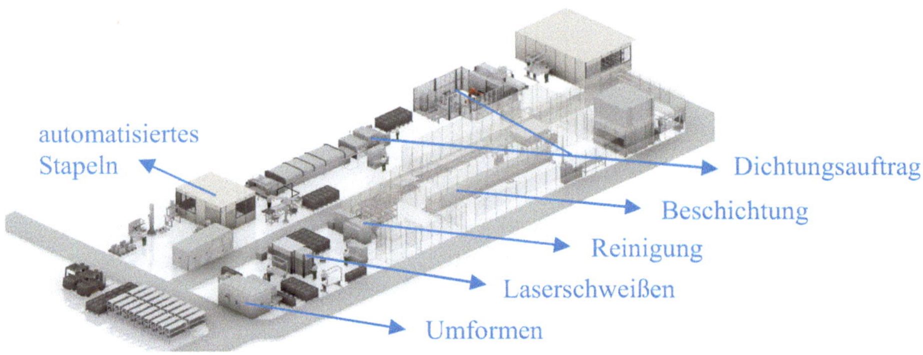

Abb. 4. Prozessschritte in der Produktion einer Bipolarplatte: Schaeffler Pilotanlage

Die Pilotanlage ist eingebettet in ein neues Wasserstoff-Kompetenzzentrum am Standort Herzogenaurach, das der kontinuierlichen Weiterentwicklung des Schaeffler-Portfolios gewidmet ist. Es umfasst ein großes Testfeld für Elektrolyseurtechnologien sowie für Brennstoffzellen auf Komponenten-, Stack- und Gesamtsystemebene.

2.2 Produkte für das Brennstoffzellensystem

Die Systemeffizienz einer Brennstoffzelle wird einerseits wesentlich durch den Stack, andererseits durch die Subsysteme zur Medienführung beeinflusst. Nicht zuletzt bestimmt ein effizientes elektrisches System und dessen Steuerung darüber, mit welchem Wirkungsgrad die im Wasserstoff chemisch gespeicherte Energie nutzbar gemacht werden kann. Zum Betrieb des Stacks werden drei Medienstrecken benötigt – der Wasserstoffkreis, der Luftpfad und der Kühlkreis. Alle drei Mediensysteme beinhalten eine Reihe von Unterbaugruppen, die zusammengefasst mit den elektronisch-elektrischen Baugruppen als Balance of Plant (BoP) bezeichnet werden. Für alle BoP-Teilkreise laufen Komponentenentwicklungen, die im Folgenden vorgestellt werden.

Die Luftversorgung Die Luftversorgung eines mobilen Brennstoffzellensystems erfolgt in der Regel mit Hilfe hochdrehender Turbokompressoren, die elektrisch angetrieben werden. In Fahrzeugen mit Verbrennungsmotor werden solche Kompressoren bislang lediglich für kurzzeitige Beschleunigungsvorgänge eingesetzt. Die Auslegung erfolgt daher in der Regel auf circa eine Million Lastzyklen. Die Anforderungen im Luftpfad einer automobilen Brennstoffzelle sind weitaus höher. So wird eine Nutzungsdauer von mehreren Tausend Stunden bei Maximaldrehzahlen von bis zu 200.000 U/min gefordert. Eine Herausforderung stellt dabei insbesondere die Vermeidung von Lagerschäden dar, da eine Öl- oder Fettschmierung aufgrund der notwendigen Reinheit der Prozessluft ausgeschlossen ist.

Schaeffler hat auf Basis seines Lager-Know-hows daher Axial- und Radial-Luftfolienlager entwickelt (siehe Abb. 5). Bei dieser Bauart sind zwischen Lagerring und Welle – sprich dem Rotor des Kompressorantriebs – auf Seite des Rings gebogene Tragfolien angebracht [7]. Da die Folie bei höheren Drehzahlen von der Welle abhebt, kann ein reibungs- und schmierungsfreier Betrieb realisiert werden.

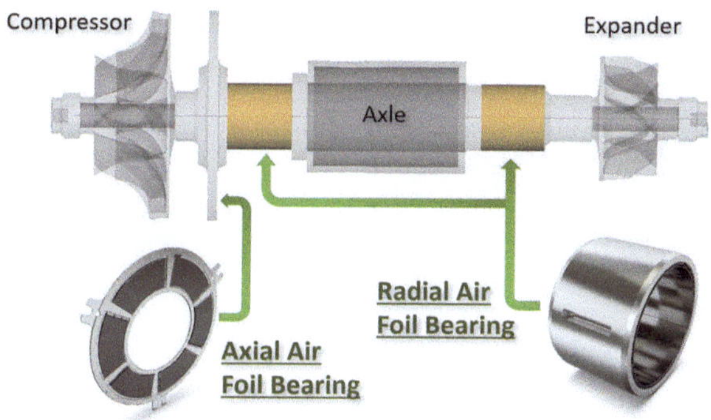

Abb. 5. Radiale und axiale Luft-Folienlager im Einbauzustand an der Kompressorwelle

Kombiniert man das Lager-Know-how mit dem innerhalb von Schaeffler vorhanden elektrotechnischen Wissen, entsteht eine kompakte und mechanisch hochwertige Antriebseinheit, bestehend aus E-Motor und Leistungselektronik. Gemeinsam mit einem externen Partner, der das Know-how für die Verdichterräder einbringt, wäre Schaeffler in der Lage, den Kompressor als komplette Einheit zu konzipieren und zu fertigen. Sinnvoll wären zwei Leistungsstufen mit 60 und 120 kW, welche mit einem Entwicklungspartner sofort in die Produktentwicklung gehen können.

Passive Wasserstoff-Rezirkulation Im Wasserstoffpfad ist die Rezirkulation unverbrauchten Wasserstoffs der wesentliche Stellhebel für Effizienz. Theoretisch wäre für den Stofftransport eine kontinuierlich arbeitende Pumpe ausreichend, allerdings ist eine solche Lösung mit parasitärem Stromverbrauch verbunden. Deutlich energieeffizienter und auch bauraumsparender ist eine passive Rezirkulation über Treibdüsen auf Basis des Venturi-Prinzips. Dafür stehen verschiedene konstruktive Lösungen zur Verfügung, um die vom jeweiligen Betriebspunkt abhängenden Restwasserstoffmengen zu transportieren. Unter anderem wurde in der Vergangenheit an mehrstufigen sowie an verstellbaren Düsen geforscht.

Intensive CFD-Simulationen mit mehreren Bauarten bei Schaeffler zeigen, dass eine zweistufig verstellbare Düse das beste Kosten-Nutzen-Verhältnis aufweist (siehe Abb. 6). Eine entscheidendes Qualitätskriterium für diese Düsen ist – vergleichbar einer verbrennungsmotorischen Hochdruck-Kraftstoffeinspritzung – die langfristige Reproduzierbarkeit einer exakten Mengensteuerung. Die bei Schaeffler in Zusammenarbeit mit einem ersten Kunden durchgeführten Prüfstandversuche zeigen, dass die Schaeffler-Düsen eine solche Reproduzierbarkeit bieten. Hier hilft die Erfahrung hinsichtlich der Massenproduktion von Präzisions-Metallbauteilen, die Schaeffler sich auf Basis seines Produktportfolios über Jahrzehnte erarbeitet hat.

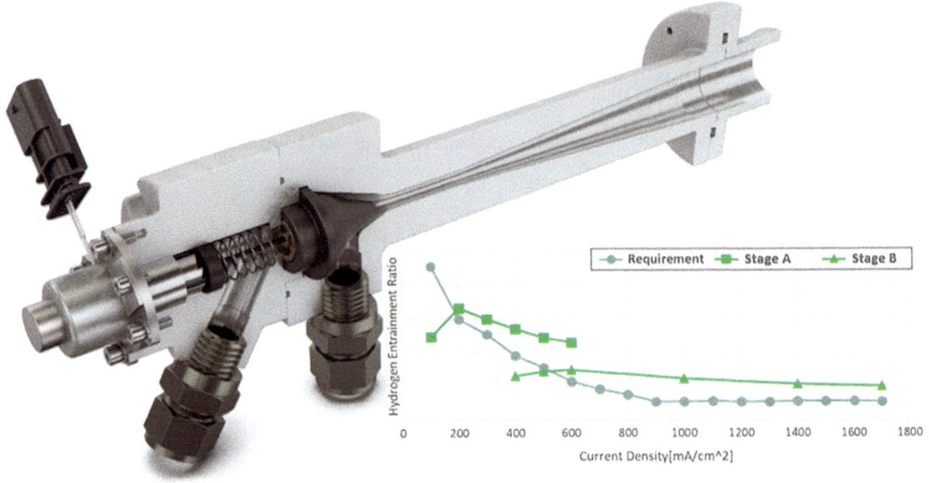

Abb. 6. Verstellbarer Ejektor zur passiven Wasserstoff-Rezirkulation

Ausgehend von diesem Stand arbeitet Schaeffler an der Einbettung dieses Ejektors in ein höher integriertes Anoden-Rezirkulationsmodul. Dort sind neben der Düseneinheit noch weitere Sensoren und Aktuatoren verbaut, sodass ein Systemhersteller eine Plug-&-Play Baugruppe für das Anodensystem beziehen kann. Schaeffler führt diese Modulentwicklung aufgrund seiner Erfahrungen mit TMM-Modulen komplett inhouse durch und integriert hier als weitere Komponenten Proportional- und Absperrventile aus eigener Produktion, sodass eine signifikante Wertschöpfung vorliegt.

Thermomanagement Die Effizienz elektrochemischer Prozesse ist immer auch davon abhängig, dass gewisse Temperaturfenster eingehalten werden. Diese sind zwar bei der Brennstoffzelle deutlich größer als bei Lithium-Ionen-Akkus, aufgrund des geringeren Wirkungsgrades bei der Energiewandlung sind allerdings auch deutlich größere Wärmemengen abzuführen. Deshalb kommt dem Kühlmittelmanagement in einem Brennstoffzellen-Antrieb hohe Bedeutung zu. Der Aufbau verschiedener, gegebenenfalls interagierender Kühlkreisläufe kann durch die Verwendung standardisierter regelbarer Drei/Zwei-Wege-Ventile wesentlich vereinfacht werden.

Für diesen Einsatz bietet Schaeffler die in der konventionellen Antriebstechnik millionenfach bewährten Thermomanagement-Module (TMM) bzw. Single Smart Valves (SSV) in einer nur leicht abgewandelten Version für Brennstoffzellensysteme an. Diese Komponente kann praktisch baugleich auch im Luftpfad zum Einsatz kommen, etwa um den Befeuchter oder Ladeluftkühler zu umgehen (siehe Abb. 7).

Vorteil dieser Module ist neben der schon heute durch die Volumenfertigung der verwandten Einheiten aus konventionellen Antriebssträngen niedrigen Kosten die bauraumtechnische Flexibilität. Ein TMM ist vor diesem Hintergrund nicht als starre Baugruppe zu sehen, sondern kann aufgrund des Toolbox-Charakters konstruktiv derart angepasst werden, dass eine Funktionsintegration direkt an der Endplatte des Brennstoffzellenstapels – oder an jeder anderen relevanten Kernkomponente – möglich ist. Dabei ist die Konfiguration nicht auf ein Drei/Zwei-Wege-Ventil begrenzt, sondern

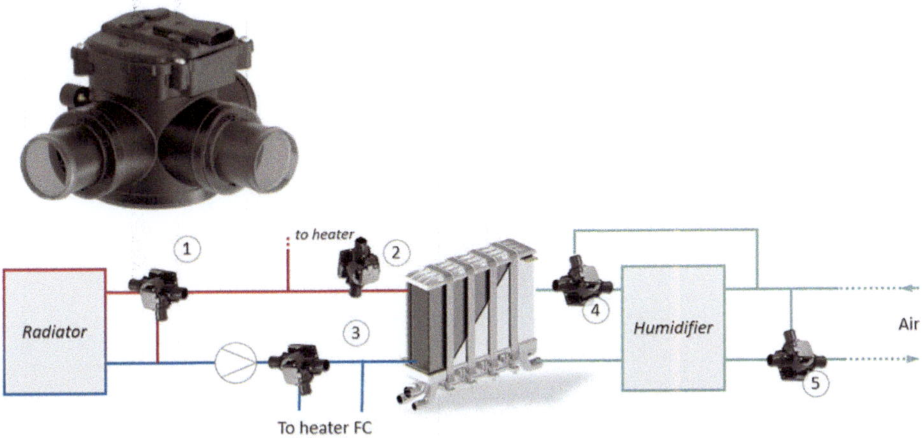

Abb. 7. Komplexitätsreduzierung im Brennstoffzellensystem durch standardisierte und flexibel schaltbare Drei/Zwei-Wege-Ventile

kann auch Regelpfade für weitere Medienzweige (z. B. Kühlung des Kompressors, des Leistungswandlers, etc.) enthalten.

Steuereinheit

Letztendlich wird die Effizienz der Brennstoffzelle von der Systemsteuerung mindestens so stark beeinflusst wie von der konstruktiven Auslegung einzelner Subsysteme. Eine leistungsfähige und skalierbare Steuergerät-Hardware stellt die Basis dafür dar. Mit der PROtroniC kann Schaeffler eine für Prototypen und kleine Serien nachgewiesenermaßen geeignete Hardware-Lösung zur Verfügung stellen. In der daraus abgeleiteten Version *TargetLine* (dargestellt in Abb. 8) hat Schaeffler Engineering Software-Bausteine für die Firmware entwickelt, die brennstoffzellenspezifische Funktionen – etwa die Überwachung auf austretenden Wasserstoff hin – umfassen. Eine großserientaugliche Lösung zu entsprechend geringen Kosten kann nun kundenindividuell ohne größeren R&D-Vorlauf abgeleitet werden.

Die PROtroniC *TargetLine* kann nicht nur als Steuereinheit für das BZ-System verwendet werden, sondern existiert auch in einer modifizierten Version in der Anwendung als Tanksteuergerät. Das Tanksystems eines FCEVs benötigt Stand der Technik 2022 vor allem aus Sicherheitsbetrachtungen heraus ein eigenes Steuergerät, was mit der Schaeffler PROtroniC aufgrund deren ASIL-C Einstufung ohne weiteren Aufwand gestellt werden kann.

Gesamtsystem und Fahrzeugintegration

Eine rasche Industrialisierung der Brennstoffzelle ist darauf angewiesen, dass Komponenten und Subsysteme so schnell wie möglich einen industriellen Reifegrad erreichen. Sie von Anfang an konsequent auf das Zusammenspiel in einem Gesamtsystem auszulegen, ist daher sinnvoll. Deshalb hat Schaeffler sich dafür entschieden, ein eigenes Brennstoffzellen-Komplettsystem für mobile Anwendungen als Lernplattform zu erstellen und dieses im eigenen Testfeld zu betreiben.

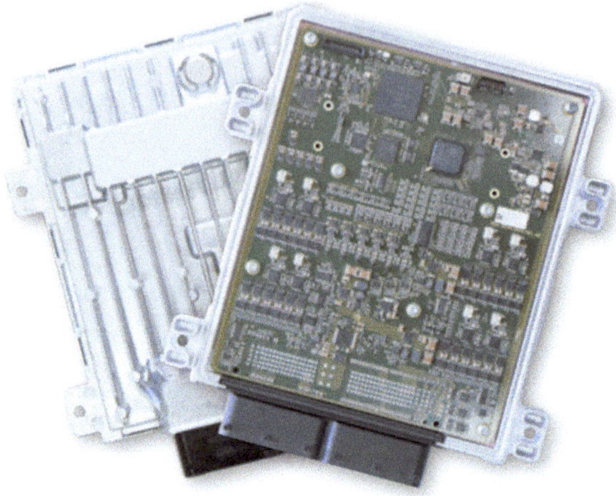

Abb. 8. Steuergerät PROtroniC *TargetLine* von Schaeffler Engineering

Das System ist derart aufgebaut, dass alle Kernkomponenten – vom Stack bis zu den Medienstrecken – ausgetauscht werden können und der Demonstrator so an eine gewisse Bandbreite von Anwendungen angepasste werden kann. Eine wesentliche Zielsetzung der Tests mit diesem System ist – neben der Funktionsprüfung der oben genannten Komponenten aus der Eigenentwicklung – die Optimierung der Simulationswerkzeuge. Insbesondere die sichere Prognose von Verschleiß- beziehungsweise Alterungsverhalten im Feldeinsatz ist dabei ein wichtiges Forschungsfeld.

Eine zusätzliche Erweiterung der Systemgrenzen stellt ein von Schaeffler aufgebautes Demonstratorfahrzeug auf Basis des Lieferwagen Volkswagen e-Crafter dar (siehe Abb. 9). Der auf einen Brennstoffzellen-Antriebsstrang im Unterboden umgebaute Kleintransporter „HyCraft" repräsentiert die Lernplattform auf der höchsten Integrationsebene. Eine relevante Frage bei der Auslegung von Brennstoffzellenantrieben betrifft die Festlegung der Größen und Leistungen der Teilsysteme des Antriebsstranges.

Generell kann gesagt werden, dass ein großer elektrischer Speicher einen höheren Anteil an der Leistungsbereitstellung für Beschleunigungsvorgänge übernimmt und die Brennstoffzelle dementsprechend Dynamik einsparen kann. Im Demonstratorfahrzeug kommt ein von anderen Volkswagen-Modellen bekannter 13-kWh-Akku zum Einsatz, der eine maximale Leistungsabgabe von 85 kW erlaubt. Der Achsantrieb erfolgt über einen ebenfalls von Schaeffler stammende E-Achse mit einer Maximalleistung von 140 kW einschließlich der zugehörigen Leistungselektronik. Das verwendete Brennstoffzellensystem ist auf eine Dauerleistung von 50 kW ausgelegt, wobei der von Schaeffler gestellte Brennstoffzellenstapel eine Peak-Leistung von 65 kW aufweist. Das Tanksystem mit zwei 700 bar Druckbehältern fasst ca. 4 kg Wasserstoff, was dem Fahrzeug eine nachgewiesene Reichweite von bis über 300 km ermöglichte: praktisch eine Verdoppelung der Reichweite des BEV-Ausgangsfahrzeuges e-Crafter.

Weiterhin wurde die *TopLine*-Version der oben vorgestellten Schaeffler PROtroniC als Fahrzeugsteuergerät (Vehicle Control Unit, VCU) verwendet, welche in dieser Funktion das gesamte Energiemanagement des hybriden Antriebsstranges regelt. Die dazu von Schaeffler erarbeitete Firmware basierte auf Simulation zu der vorliegenden Konfiguration des Antriebsstranges in Verbindung mit den zu erwartenden Fahrzyklen.

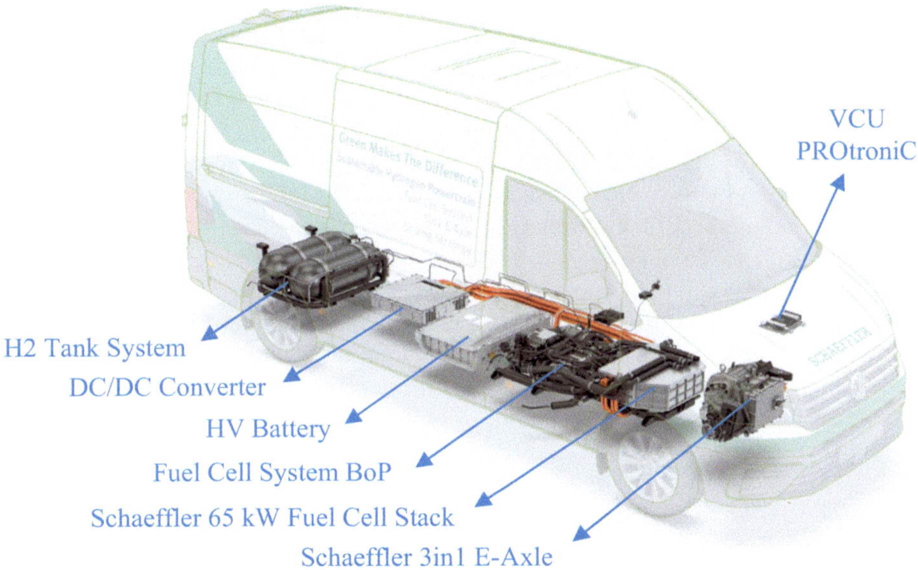

Abb. 9. Schaeffler *HyCraft* Demofahrzeug mit Brennstoffzellen-Antriebsstrang

Insgesamt ist diese Konfiguration mit einer relativ gering dynamisch betriebenen Brennstoffzelle für den Nutzfahrzeugbereich vorteilhaft, wobei die Spreizung zwischen Nenn- und Dauerleistungsbedarf mit dem Fahrzeuggewicht weiter zunimmt. Schaeffler plant, das vorgestellte Konzept künftig weiter zu optimieren. Dabei ist das Ziel den elektrischen Achsantrieb auf die Hinterachse des Fahrzeugs zu verlagern, um den Bauraum im Vorderwagen für das Brennstoffzellensystem nutzen zu können. Die Verlagerung schafft zudem Platz für weitere Wasserstofftanks im Unterboden, um die Reichweite noch weiter erhöhen zu können. Gegebenenfalls wird künftig auch die Leistung der Brennstoffzelle erhöht und die Batteriegröße weiter reduziert, sodass mit Hilfe der Brennstoffzelle auch höhere Dynamikanforderungen bedient werden können.

3 Zusammenfassung

Aufgrund der hohen Energiedichte, der geringen Betankungszeit und nicht zuletzt der Infrastruktur eines künftigen Energiesystems, stellen wasserstoffbetriebene Brennstoffzellen eine gute Ergänzung batterieelektrischer Antriebe dar und werden in Zukunft mit Sicherheit einen Teil der Antriebsstränge in der Mobilität stellen. Schaeffler trägt mit der Industrialisierung von Komponenten und Subsysteme wesentlich dazu bei, die Herstellkosten von Brennstoffzellensystemen zu senken.

Auf Komponentenebene entwickelt Schaeffler ein Bipolarplattenmodul, das konsequent auf die Industrialisierung in hohen Stückzahlen ausgelegt ist. Ein technisch herausragendes Merkmal der metallischen Bipolarplatte ist ein von Schaeffler entwickeltes Beschichtungssystem, welches Passivierung und Ionenaustrag verhindert und so eine hohe Lebensdauer ermöglicht.

Auf Ebene der Subsysteme spielt die Medienversorgung eine wesentliche Rolle für Leistung und Dauerhaltbarkeit der Brennstoffzelle. Für den Luftpfad entwickelt Schaeffler Luftfolienlager für Verdichter, die einen reibungs- und schmierungsfreien Betrieb erlauben. Für den Wasserstoffpfad sind Rezirkulationsejektoren in Entwicklung, die eine präzise und reproduzierbare Mengensteuerung erlauben. Des Weiteren arbeitet Schaeffler an Subsystemen für Thermomanagement und elektronische Steuerung des Brennstoffzellensystems sowie an Prototypen-Stacks als Komplettmodul. Als Entwicklungsplattform kommt dafür ein Brennstoffzellensystem mit Schaeffler-Stack zum Einsatz, das im Frühjahr 2022 erstmals in einem Demonstrator auf Basis eines Volkswagen e-Crafter eingesetzt wurde.

Vom Produktionsstart für großserientaugliche Bipolarplattenmodule bis hin zur Systemerprobung in realen Fahrzeugen deckt Schaeffler alle technischen Facetten ab, die eine schnelle Industrialisierung der Brennstoffzelle ermöglichen. Ist diese Industrialisierung erfolgreich, erhält klimaneutrale Mobilität eine weitere großserientaugliche Alternative.

Quellen

1. International Energy Agency (Hrsg.): Renewables 2021: Analyses and forecast to 2026. Revised version. Paris, 2021. https://iea.blob.core.windows.net/assets/5ae32253-7409-4f9a-a91d-1493ffb9777a/Renewables2021-Analysisandforecastto2026.pdf. Accessed 30 Sept 2022
2. Handwerker, M., et al.: Comparison of hydrogen powertrains with the battery powered electric vehicle and investigation of small-scale local hydrogen production using renewable energy. Hydrogen. **2**, 76–100 (2021). doi:https://doi.org/10.3390/hydrogen2010005
3. International Energy Agency (Hrsg.): Global EV outlook 2021. https://www.iea.org/reports/global-ev-outlook-2021/prospects-for-electric-vehicle-deployment. Accessed 30 Sept 2022
4. DESTATIS, Statistisches Bundesamt (Hrsg.): Pressemitteilung Zahl der Woche 8.8.2017. https://www.destatis.de/DE/Presse/Pressemitteilungen/Zahl-der-Woche/2017/PD17_32_p002.html#:~:text=Wie%20das%20Statistische%20Bundesamt%20(Destatis,auf%2066%20Millionen%20Liter%20zur%C3%BCck). Accessed 30 Sept 2022
5. Frost & Sullivan (Hrsg.): Global green hydrogen production set to reach 5.7 million tons by 2030, powered by decarbonization. https://www.frost.com/news/global-green-hydrogen-production-set-to-reach-5-7-million-tons-by-2030-powered-by-decarbonization. Accessed 30 Sept 2022
6. UniCredit (Hrsg.): Credit research sector report – automobiles & parts: Hydrogen fuel cell or battery electric vehicles? https://www.research.unicredit.eu/DocsKey/credit_docs_9999_168629.ashx?EXT=pdf&KEY=n03ZZLYZf5miJJA2_uTR8mqUF5IJHZJN8vXBBofEwW4=. Accessed 30 Sept 2022
7. Schutzrecht EP 3099951B1: Aerodynamisches Luftlager und Verfahren zu dessen Herstellung (2019)

Integriertes SiC-Leistungsmodul auf keramischem Kühlkörper

David Haßler(✉), Marco Heinrich, und Fabian Bartl

CeramTec GmbH, Marktredwitz, Deutschland
{d.hassler,m.heinrich}@ceramtec.de

Zusammenfassung. Die vorliegende Entwicklung bezieht sich auf die Auslegung und Herstellung eines keramischen Kühlers für die Anwendung in Power Modulen in der Elektromobilität. Durch simulative Untersuchungen und Messungen an Prototypen konnten die thermischen Eigenschaften im Vergleich zu einem Referenz-Metallkühler bei gleichbleibender Innengeometrie um fast 30 % verbessert werden. Eine zusätzliche, keramikgerechte Auslegung zeigte einen nochmals geringeren thermischen Widerstand.

Schlüsselwörter: Power Modul · Leistungsmodul · Keramikkühler · Computational fluid dynamics (CFD) · Chip on Heatsink · Aluminiumnitrid · Keramik · Kühler

1 Einleitung

Die E-Mobilität ist ein Sammelbegriff für Fahrzeuge, die mit elektrischer Energie angetrieben werden, wie etwa Elektroautos, der elektrische Schienenverkehr, E-Bikes, Elektro-Scooter, Oberleitungsbusse und weitere Fahrzeuge. Das Hauptaugenmerk liegt dabei bei den Elektroautos. Hier ist der Bedarf an innovativen Lösungen in vielen Bereichen sehr hoch: angefangen bei der Übertragung der Elektrizität vom Stromnetz zum Auto, die Speicherung der elektrischen Energie in Batterien, bis zur Rückwandlung in Wechselstrom, um den Elektromotor anzutreiben [1].

Die größten Unterschiede zwischen herkömmlich angetriebenen und Elektrofahrzeugen liegen in den Bereichen Antrieb und Energiespeicherung. Der elektrische Antriebsstrang umfasst dabei die HV-Batterie, den Wechselrichter und den Elektromotor [1]. Diese erhöhte Komplexität stellt neue Herausforderungen an die Abstimmung aller Komponenten.

Diese können, je nach Fahrzeug, abhängig von Bordnetztopologie [2] und Spannungslevel auf der Nieder- und Hochspannungsseite variieren. Durch steigende Bordnetzspannungen [3] und steigende Leistungen des Antriebssystems, mit entsprechenden Lastschwankungen aus der Fahrdynamik, resultieren höchste Ansprüche an das System.

Der Straßenverkehr und die damit einhergehenden schnell wechselnden unterschiedlichen Geschwindigkeiten erfordern eine höchst dynamische Energiebereitstellung. Entsprechend hohe Anforderungen stellt dies an den Antriebsstrang und all

A. Heintzel (Hrsg.): EFPWRT 2022, Proceedings, S. 27–41, 2023.
https://doi.org/10.1007/978-3-658-42553-1_3

seine zuführenden und regelnden Elemente. Dabei nimmt die elektronische Antriebsstrangsteuerung eine Schlüsselposition ein, um die bereitgestellte elektrische Energie effizient einzusetzen. Dazu ist die Gleichspannung, die von der HV-Batterie zur Verfügung gestellt wird, in Wechselstrom für den Elektromotor umzuwandeln. Dabei hat die Effizienz des Hauptwechselrichters einen wesentlichen Einfluss auf die Reichweite des Elektrofahrzeugs.

Der Aufbau der Elektronik des Wechselrichters muss auf minimale Schaltverluste ausgelegt sein. Der Entwärmung der Elektronik im Wechselrichter kommt dabei eine zentrale Rolle zu. Je höher die Wärmemenge ist, die abgeführt werden kann, umso höher kann die Leistungsdichte der Elektronik sein. Ebenso kann das Design der Elektronik in seiner Größe minimiert werden und die Gesamtzahl elektronischer Bauteile lässt sich zudem verringen.

Bei einer guten Entwärmung kann das Potential von modernen SiC Halbleiterchips, die eine hohe Schaltfrequenz und verbesserte thermische Eigenschaften besitzen, besser ausgenutzt werden [4]. Aufgrund der Materialeigenschaften eignen sich keramische Werkstoffe bestens für thermische Anwendungen. Neben einer hohen Wärmeleitfähigkeit, wie z. B. bei Aluminiumnitrid AlN oder Siliziumcarbid SiC, spielen auch elektrische Eigenschaften eine wichtige Rolle. Keramik eignet sich prinzipiell überall dort, wo hohe Anforderungen an das Material gestellt werden [5].

Aus den vorherig beschriebenen Anforderungen ergibt sich das Eigenschaftsprofil an den Kühler, um die maximale elektrische Leistung zu erzeugen und effizient bereitzustellen: geringes Gewicht, kompakt und maximaler Wärmeabtransport sind die geforderten Eigenschaften [6].

Hierfür wurde in Zusammenarbeit mit dem Fraunhofer IISB ein Halbbrücken Konzept auf Basis eines metallisierten Aluminiumnitrid (AlN) Keramik-Kühlkörpers mit direkt aufgebrachten 1200 V SiC-Halbleitern (Chip-On-Heatsink) entwickelt, der diese Anforderungen erfüllt. So ist der Kühlkörper Schaltungsträger und Kühlstruktur in einem Bauteil.

2 Entwicklung Kühlergeometrie

2.1 Konstruktion

Grundlage der Untersuchungen stellt ein Referenz-Kühler dar, der aus einem Kupfer-Kühler mit einen Si_3N_4-AMB und aufgebrachtem SiC-Chip besteht. Der Kühlkörper hat eine Gesamthöhe von 9,3 mm und weist eine Pin-Fin-Struktur mit einem Pin-Durchmesser von 1,5 mm auf.

Als Vergleich dazu wurde ein keramischer Referenzkühler konstruiert. Dieser besteht aus Aluminiumnitrid AlN mit einer Dicke von 3,0 mm, auf dem direkt via AMB ein Kupferblech aufgebracht wurde und auf diesem wiederum ein SiC-Chip. Die Pin-Fin-Struktur wurde analog dem Referenzkühler gestaltet.

In **Abb. 1** sind schematisch die Kühler und damit gleichbedeutend der Entwicklungsplan dargestellt.

Als weiteres Ziel der Untersuchungen sollte den beiden Referenzen ein optimierter, keramischer Kühler gegenübergestellt und analysiert werden. Hierzu wurden

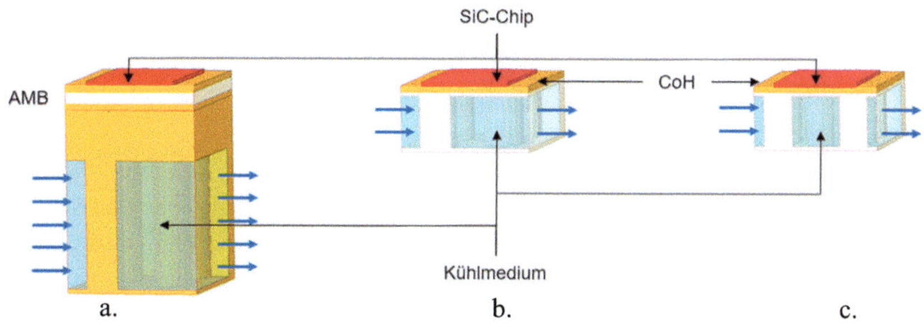

verschiedene Kühlergeometrien entworfen, die anhand weiterführender theoretischer, simulativer Untersuchungen bewertet wurden, um ein Finaldesign zu definieren. Die Kühler bestehen grundsätzlich aus AlN und die Gesamt-Dicke beträgt 3,0 mm. Die Unterschiede liegen lediglich im Innendesign. Hierbei wurden eine Mäander-Struktur, eine angepasste Pin-Fin-Struktur, eine Kombination aus Mäander und Pin-Fin und ein mehrlagiger Aufbau entworfen (Abb. 2).

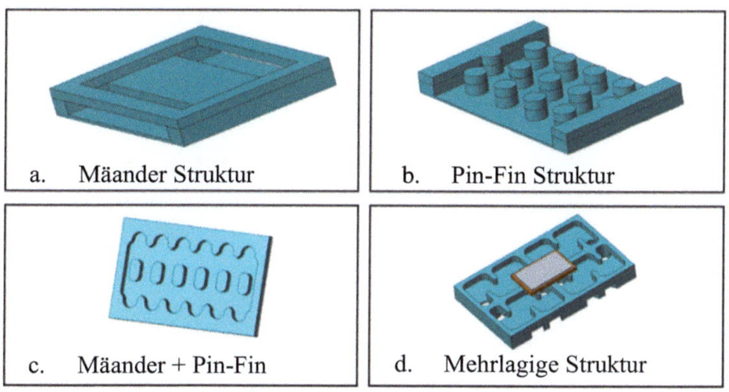

Abb. 2. Kühlergeometrien

2.2 Mechanische Simulation

Für die Bewertung der konzipierten Kühlergeometrien wurde zuerst das Verhalten beim Sinterprozess der SiC-Chips simuliert und die Eignung der Varianten analysiert.

Randbedingungen

Die Einspannung der Kühlkörper wurde auf der Unterseite definiert, der aufgebrachte Druck erfolgte auf dem Chip. Dabei wurden Drücke von 2,0 bis 30,0 MPa simuliert.

Ergebnisse

In **Abb. 3** sind die für den Sinterprozess simulierten mechanischen Spannungen in Abhängigkeit des aufgebrachten Sinterdrucks dargestellt. Die Mäanderstruktur zeigt mit steigendem Druck einen deutlichen Anstieg der Spannungen. Diese Ergebnisse lassen sich darauf zurückführen, dass diese Geometrie lediglich an den Außenkanten eine Verbindung zwischen Ober- und Unterseite des Kühlers aufweist und somit keine ausreichende Stützstruktur im Inneren. Die übrigen Geometrien, sowohl durch die eingebrachten Pins als auch durch die Strukturen des mehrlagigen Aufbaus, weisen dagegen derartige Verstärkungen auf, die Spannungen sind dementsprechend geringer.

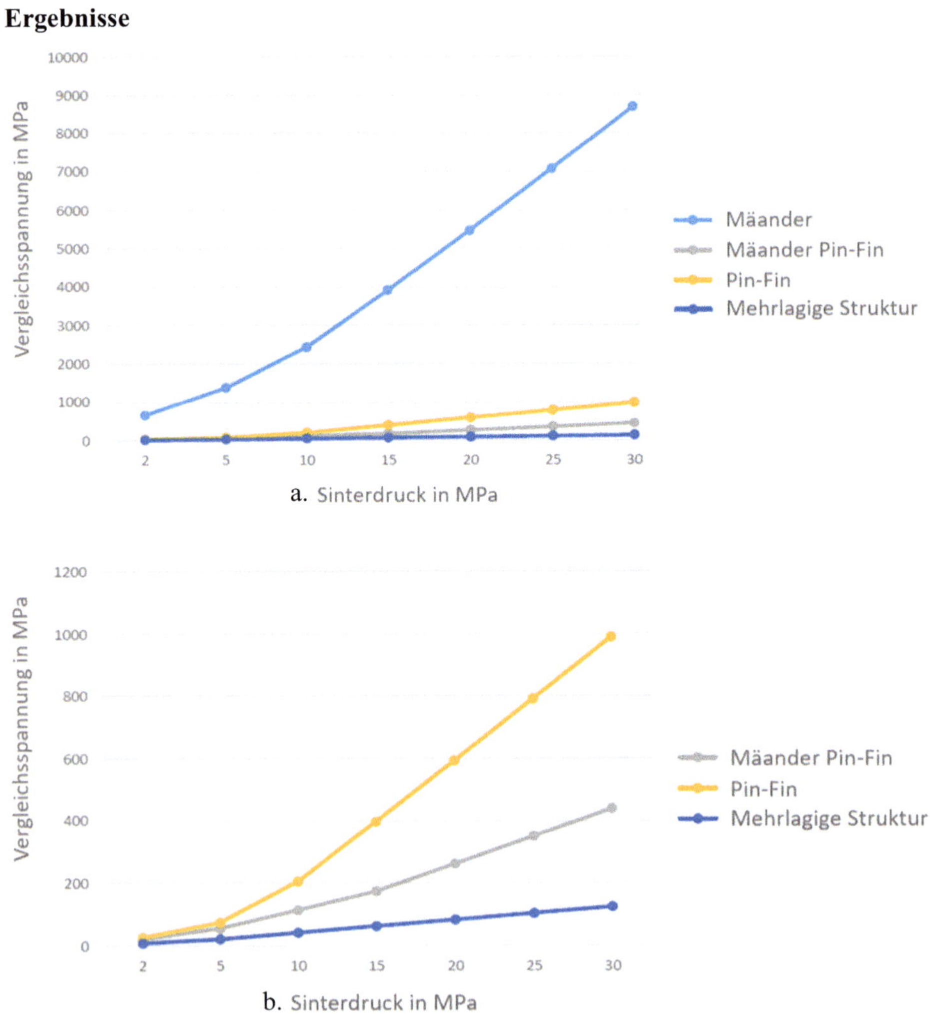

Abb. 3. Ergebnisse der mechanischen Simulation: Vergleichsspannung in Abhängigkeit des Sinterdrucks. a) Vergleich aller Kühlergeometrien. b) Vergleich der Kühlergeometrien ohne Mäander

Ein näherer Vergleich der drei anderen Strukturen zeigt, dass die mehrlagige Struktur die geringsten Spannungen aufweist, im Gegensatz zu der Kombination aus Mäander und Pin-Fin. Auch hier ist die Innenstruktur und dadurch bedingt die fehlende Stützfunktion ursächlich für die hohen mechanischen Spannungen (vgl. **Abb. 3b**) (Abb. 4).

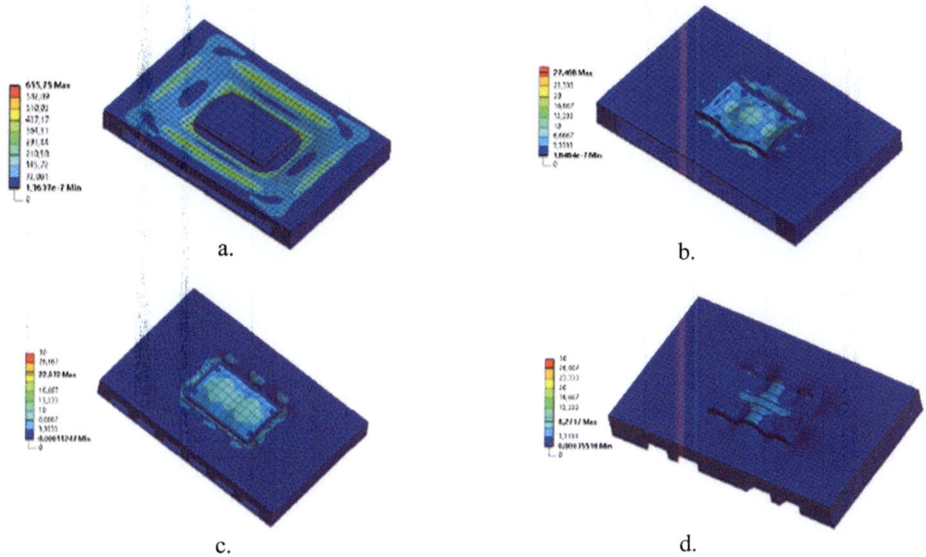

Abb. 4. Bildliche Darstellung der Vergleichsspannungen. a) Mäander. b) Pin-Fin. c) Mäander + Pin-Fin. d) Mehrlagige Struktur

2.3 CFD Simulation

Zur Untersuchung des Strömungsverhaltens und zur weiteren Bewertung der Konzepte wurden mittels Numerischer Strömungssimulation (Computational Fluid Dynamics CFD) die relevanten Parameter Druckverlust und thermischer Widerstand R_{th} ermittelt.

Randbedingungen
Für die CFD Simulationen wurden folgende Parameter und Rahmenbedingungen definiert (Tab. 1).

Ergebnisse
In **Abb. 5**. sind die Strömungsmodelle der einzelnen Kühlkonzepte dargestellt. Es zeigt sich, dass bei der Mäander- und der mehrlagigen Struktur vergleichsweise höhere Geschwindigkeiten auftreten als bei den übrigen Modellen. Diese Konzepte weisen, analog der Mäander + Pin-Fin Struktur, durch die gewählte Innengeometrie zusätzlich eine Veränderung der Fließrichtung in z-Richtung auf. Dies spiegelt sich auch in den ermittelten Werten der Druckverluste wider (vgl. Abb. 6). Während die mehrlagige Struktur den höchsten Druckverlust aufweist, unterscheiden sich auch die beiden Mäander-Strukturen recht deutlich von Pin-Fin und Referenz, die ebenfalls ein Pin-Fin-Feld enthält.

Tab. 1. Übersicht der Rahmenbedingungen der CFD Simulation

Dimensionen Kühlkörper	
Halbleitergröße	6,4 × 4,0 mm
Maße Referenz Metallkühler	6,5 × 9,5 × 9,3 mm Kupferkühler mit AMB (0,64 mm Si_3N_4 mit je 300 µm Kupfer)
Referenz Keramikkühler	6,5 × 9,5 × 3,0 mm Keramikkeramik AlN mit 300 µm AMB Kupfer
Einstellbare Parameter	
Durchfluss in l/min	Aus Fluidgeschwindigkeit und Fluidquerschnitt errechnet
Temperatur Fluid	60 °C
Verlustleistung	100 W / Chip
Zielgrößen	
Thermischer Widerstand R_{th} in K/W	
Druckverlust Δp_v in mbar	

Ergebnisse

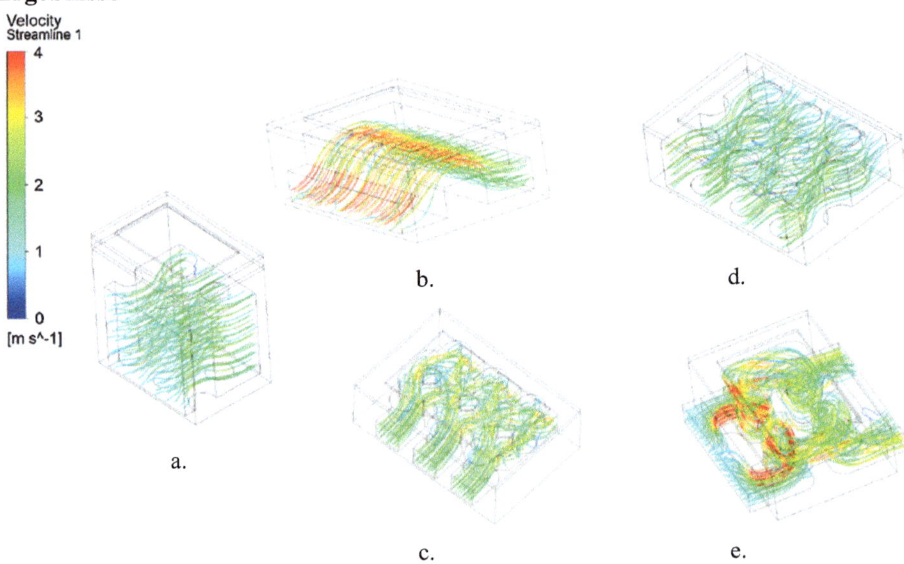

Abb. 5. Strömungsmodelle bei $v_{mean,structure} = 2$ m/s. a) Referenz. b) Mäander. c) Mäander + Pin-Fin. d) Pin-Fin. e) Mehrlagige Struktur

Beim thermischen Widerstand zeigt sich ein umgekehrtes Bild, hier weist die Referenz den höchsten Wert auf, gefolgt von der Mäander-Struktur. Für die übrigen Konzepte wurde ein deutlich niedriger R_{th} errechnet, die einzelnen Ergebnisse sind vergleichbar.

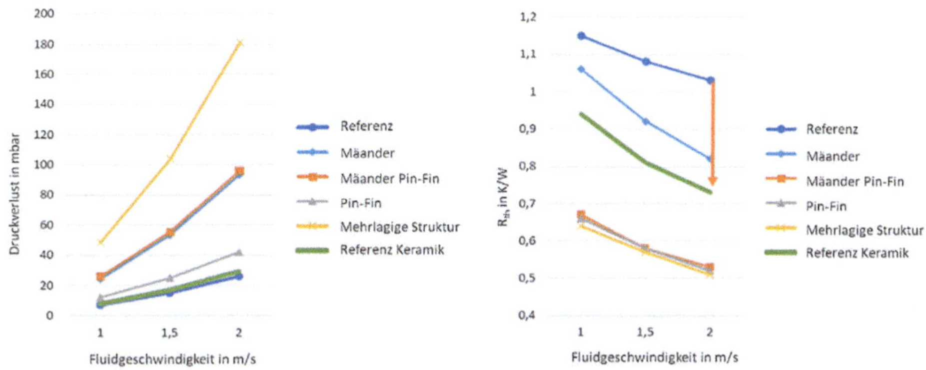

a. b.

Abb. 6. Ergebnisse der CFD Simulation. a) Druckverlust in Abhängigkeit der Fluidgeschwindigkeit. b) Thermischer Widerstand in Abhängigkeit der Fluidgeschwindigkeit

Zusammenfassend lässt sich festhalten, dass aufgrund der Ergebnisse für den thermischen Widerstand, als auch für den Druckverlust, die Pin-Fin-Struktur die besten Ergebnisse aufweist.

Verglichen mit dem Referenzkühler aus Metall kann durch die Nutzung eines keramischen Kühlkörpers mit direkter Metallisierung bei gleichbleibender Innenstruktur bereits eine Verringerung des R_{th} von ~29 % erreicht werden. Durch ein optimiertes Design, wie z. B. der Pin-Fin-Struktur kann dieser Wert um insgesamt fast 50 % reduziert werden.

Als Konzept für die weiteren Untersuchungen wurde aufgrund der Ergebnisse die Pin-Fin-Struktur ausgewählt und das Kühlerinnendesign somit fixiert.

3 Modulauslegung

3.1 Induktivitätsuntersuchungen

Nach der Festlegung der Kühlergeometrie wurden im nächsten Schritt Konzepte für die elektrische Modulauslegung erarbeitet und mittels Induktivitätsuntersuchungen bewertet.

Konzepte

Für die Konzepterstellung wurden als Halbleiter 1200 V SiC-MOSFET mit den Maßen 4,0 × 6,4 mm festgelegt, es sollten pro Schalter vier Chips parallel geschalten werden.

Als Ziele bei der Auslegung wurden eine niedrige Induktivität L, geringe Keramikfläche, ein niedriger Aufwand für Aufbau- und Verbindungstechnik und ein einfacher Anschluss an das System definiert. Es wurden zunächst mehr als zehn verschiedene

Konzepte erarbeitet. Auf Basis der Zielstellung wurden die Konzepte miteinander verglichen und für die Vermessung die drei zielführendsten Konzepte näher betrachtet.

Rahmenbedingungen
Um das Ziel eines niederinduktiven Systemaufbaus zu untersuchen, wurden die erarbeiteten Konzepte simuliert.

Die Modelle wurden hierfür simulationsgerecht vereinfacht, indem nicht relevante Bauteile für den Strompfad wie Kühlkörper, Signalbonddrähte und PCB ausgeblendet wurden. Der Ein- und Ausgang des Strompfades wurde definiert und die Materialien wurden zugewiesen und das Modell vernetzt.

Ergebnisse
Zunächst wurden die Konzepte mit vorgegebenen Ein- und Ausgängen simuliert. Um jedoch eine konkretere Aussage zu erhalten, wurde im zweiten Iterationsschritt die Ein- und Ausgänge entsprechend der Anwendung definiert und die Werte für die Induktivität erneut bestimmt.

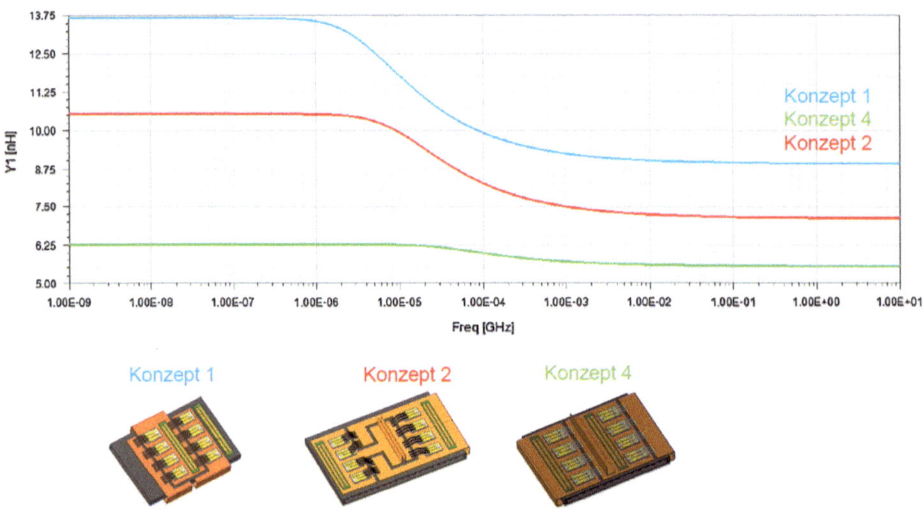

Abb. 7. Ergebnisse der Induktivitätsmessung nach der 2. Iteration. Es wurde Y1 [nH] gegen die Frequenz [GHz] aufgetragen

Konzept 4 zeigt mit einer Induktivität bei 1 GHz von 5,5 nH die geringsten Werte, Konzept 2 besitzt eine Induktivität von 7,25 nH und Konzept 1 von 9,0 nH. Aufgrund der Ergebnisse für die Induktivität und der Modulgröße wurde festgelegt mit Konzept 4 fortzufahren.

4 Finalkonzept

Ausgehend von den ermittelten Werten wurde nun ein Komplettmodul designt und simulativ abgesichert.

4.1 Kühlerdesign mit Fluidanschlüssen

Zur Fertigstellung des Konzeptes wurde im letzten Schritt die Fluidanbindung konzipiert und der Kühler entsprechend angepasst (Abb. 8).

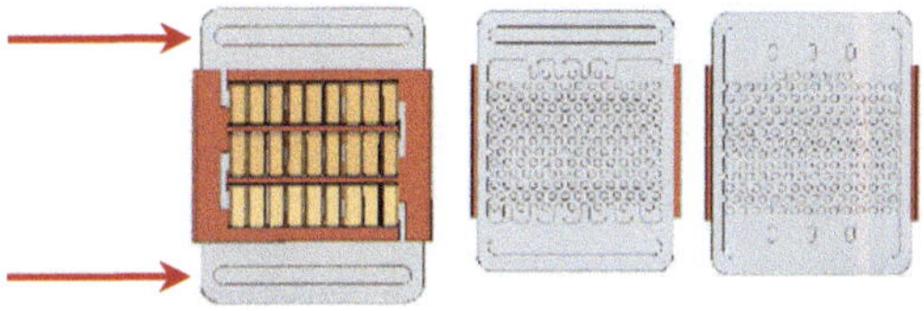

Abb. 8. Fluidanbindung (rote Pfeile)

Es wurden an das ursprüngliche Design zusätzliche Aussparungen für die Ein- und Auslässe an der Unterseite angebracht. In diesem Bereich wurden zudem Verstärkungselemente konstruiert, um die mechanische Steifigkeit im Bereich der Dichtung zu erhöhen. Der Anschluss erfolgt über eine axiale Dichtung zwischen Keramik und Anschlusselement.

Tab. 2. Finales Konzept Kühlkörper

Dimensionen	48 × 36 mm
Dicke der Keramik	3,0 mm
Dicke der Keramik zw. Chip und Fluid	0,3 mm
Seitliche Wandstärke	2,0 mm
Metallisierungshöhe	300 μm
Gewicht Keramik	<10 g

In **Tab. 2** werden die technischen Details des fertigen Kühlkörpers dargestellt.

4.2 Finaler Aufbau

Abb. 9 zeigt den finalen Modulaufbau. Die Signalabführung erfolgt über eine vierlagige Starrflex Leiterplatte und Stiftleiste. Als Überstromschutz gegen Lastfehler befindet sich eine DESAT-Diode auf Ober- und Unterseite. Die AC-Terminalgeometrie wurde angepasst. Die Fluidanschlüsse für In- & Outlet befinden sich auf der Rückseite des Moduls.

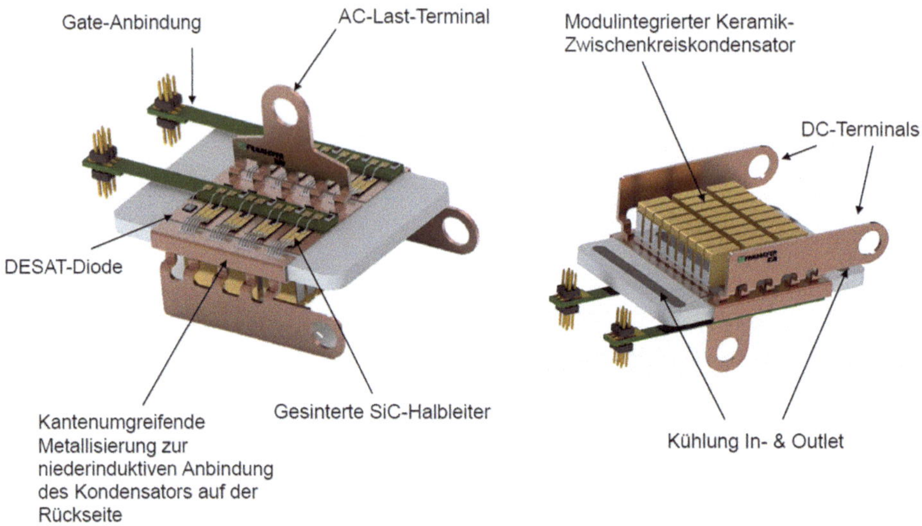

Abb. 9. Finaler Aufbau

4.3 Simulative Absicherung des finalen Konzeptes

Nachdem das finale Konzept an verschiedenen Stellen im Vergleich zu den ursprünglichen Untersuchungen weiterentwickelt wurde, erfolgte eine simulative Absicherung des Konzeptes analog den bisherigen Analysen.

Rahmenbedingungen
Das Konzept wurde für die Simulationen entsprechend angepasst. Alle für die thermischen Eigenschaften unwesentlichen Komponenten wurden entfernt und das Modell entsprechend vereinfacht.

Die Rahmenbedingungen der thermischen und elektrischen Simulationen wurden entsprechend der bisherigen Untersuchungen gewählt (vgl. Abschn. 2.3).

Ergebnisse thermische Simulationen
Im Vergleich zur ursprünglichen Berechnung weist das finale Konzept einen höheren Druckverlust auf. Dies ist jedoch darin begründet, dass der Kühlkörper für die Fluidanbindung entsprechend angepasst wurde. Die Richtungsänderung bei Ein- und Auslass verursacht hier einen höheren Druckverlust (Tab. 3).

Die thermischen Eigenschaften zeigen einen sehr geringen thermischen Widerstand und zudem in der Temperaturdifferenz ΔT zwischen dem Chip in der ersten und der letzten Reihe von lediglich 6,5 K.

Ergebnisse elektrische Simulation
Für die elektrische Simulation wurde der Kondensator durch einzelne Quader substituiert. Alle unwesentlichen Komponenten wurden unterdrückt (Abb. 10).

Das Modul erfüllt die Anforderungen hinsichtlich einer niedrigen Induktivität. Wie bereits in Abschn. 3.1 ermittelt, beträgt die Induktivität bei 1 GHz innerhalb des Moduls 5,5 nH und unter Berücksichtigung des Kondensators 13 nH.

Tab. 3. Ergebnisse der thermischen Simulation des Finalkonzepts

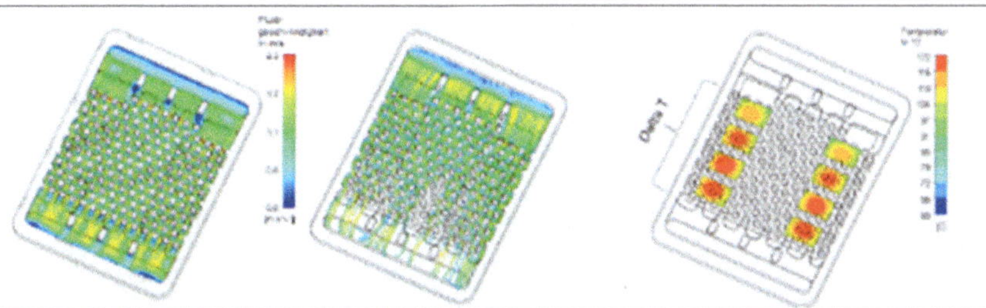

$R_{th,\ Modul}$	0,0775 K/W
$R_{th,\ Chip}$	0,62 K/W
Flächenbezogener therm. Widerstand R_{th}‘	0,16 Kcm^2/W
Druckverlust	168 mbar
Temperaturdifferenz ΔT	6,5 K

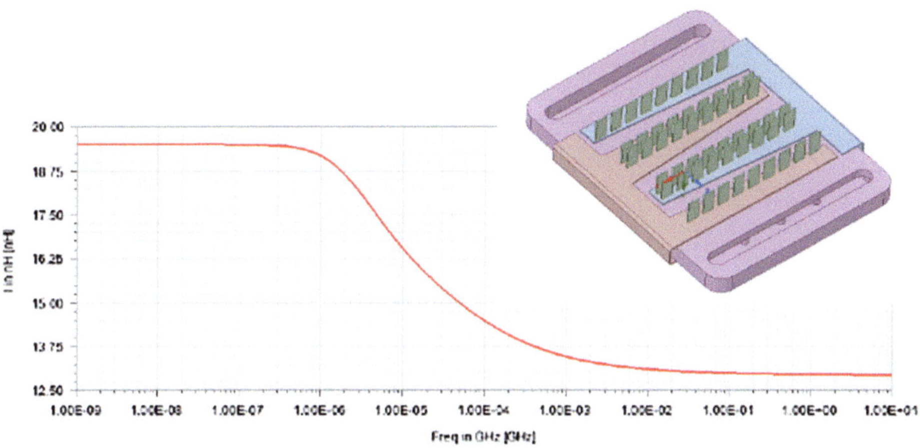

Abb. 10. Ergebnisse elektrische Simulation Finalkonzept. Es wurde I [nH] gegen die Frequenz [GHz] aufgetragen

5 Vermessung Prototyp

Zur Analyse und Verifikation der Simulationsergebnisse wurden Prototypen gefertigt und anschließend mittels Doppelpulsversuch elektrisch analysiert.

5.1 Herstellung Prototypen

In **Abb. 11** ist ein schematischer Prozessablauf für Herstellung der Keramikkühler dargestellt. Aus dem Vorprodukt, einer keramischen Folie oder Platte wird im Grünzustand die Innenstruktur eingebacht. In diesem Verfahrensschritt werden somit die einzelnen keramischen Layer mit den jeweiligen Designs erzeugt, die anschließend zu einem Bauteil laminiert werden. Die Teile werden im Anschluss gesintert, wodurch eine monolithische Keramik mit den typischen Eigenschaften entsteht. Die ursprünglichen Fügestellen versintern und sind nach dem Sinterbrand nicht mehr vorhanden. Im Nachgang erfolgt die Metallisierung, bei der Kupferbleche mit einem AMB Prozess aufgelötet werden. Der weitere Modulaufbau wie das Silbersintern der SiC Chips und die weiterführenden Untersuchungen erfolgten anschließend beim Fraunhofer IISB.

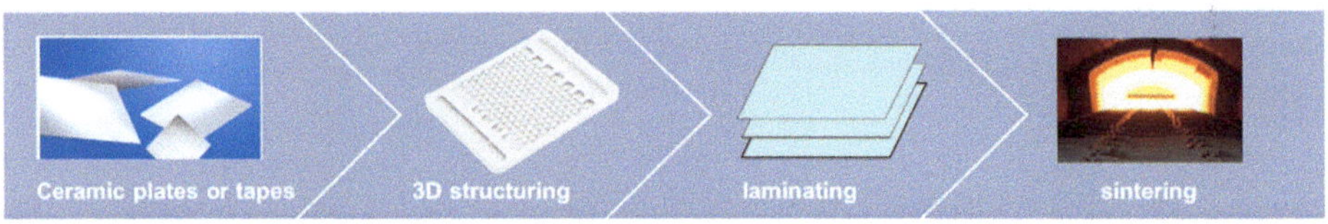

Abb. 11. Schematische Darstellung des Fertigungsprozesses der Keramikkühler

5.2 Thermische Vermessung

Versuchsaufbau

Für die thermische Charakterisierung musste zunächst das Modul adaptiert werden. Die mechanische Integration des Leistungsmoduls erfolgte durch die Abdichtung der Kühlkanäle mittels axialer Dichtung, in der Aufnahme erfolgt dabei eine Umlenkung des Fluids in Vor- und Rücklauf. Für die elektrische Integration erfolgte die Leistungseinprägung des Laststrom über DC+ zu DC− und die Ansteuerung der Halbleiter über eine Ansteuerplatine. Anschließend wurde das Leistungsmodul inklusive der Mess-Sensorik in den Prüfstand integriert (Tab. 4 und Abb. 12).

Tab. 4. Rahmenbedingungen thermische Charakterisierung

Testparameter	
Temperaturen	30°C, 40°C, 60°C, 85°C
Volumenstrom	0,8 l/min (≙ 0,5 m/s) bis 3,3 l/min (≙ 2,0 m/s)
Auswertung anhand des TOP Schalters (4 Chips parallel, Fläche von 104 mm^2)	

Messprinzip

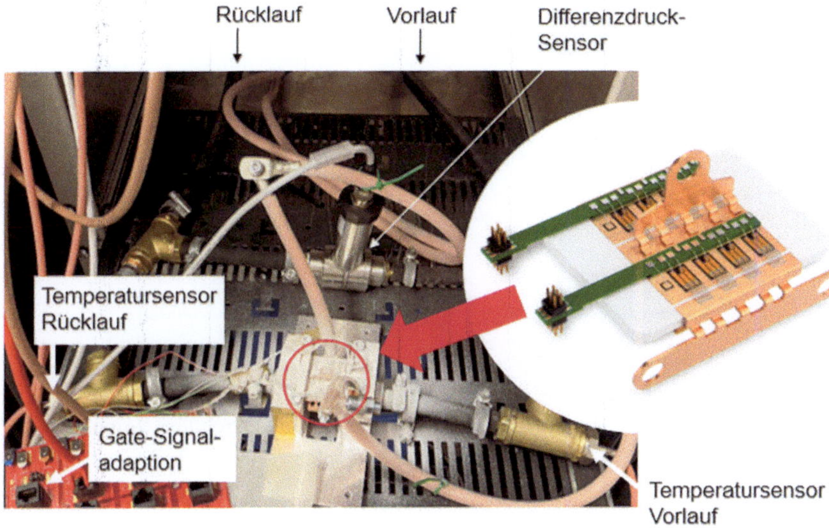

Abb. 12. Prüfstandsaufbau thermische Vermessung

Die Drain-Source-Spannung über SiC-Schalter ist linear abhängig von der Temperatur, daher wird beim Einprägen eines definierten Messstromes die (temperaturabhängige) Spannung über dem Bauteil gemessen und so die Temperatur direkt am Chip gemessen. Für die Kalibrierung der Messung wird die Drain-Source-Spannung bei verschiedenen Temperaturen vermessen.

Messdurchführung

Zunächst werden die Parameter Durchfluss, Temperatur, etc. eingestellt. Anschließend erfolgt die Bestromung der Bauelemente mittels Laststrom, für die Vermessung des Leistungsmoduls wurden Leistungen für Temperaturhübe ΔT bis >60 K eingeprägt. Nach der Wegnahme des Laststromes erfolgt eine direkte Messung der Temperatur zum Abschaltzeitpunkt sowie die Erfassung der Abkühlkurven.

Ergebnisse

Die Auswertung erfolgte anhand des TOP-Schalters, der aus 4 parallelen Chips mit einer Fläche von 104 mm^2 besteht. **Abb. 13** zeigt den normierten thermischen Widerstand und den Druckverlust in Abhängigkeit des Durchflusses. Dabei konnten in der Messung ein normierter thermischer Widerstand von R_{th}‘ von 0,15 Kcm^2/W gemessen werden, bei einem Durchfluss von 2,5 l/min und einer Temperatur von 60 °C. Die wesentlichen Einflussparameter sind da dabei die Temperatur und der Durchfluss. Bei den mit Stern gekennzeichneten Punkten handelt es sich um den Referenzpunkt aus den vorherigen Simulationen während der Auslegungsphase bei 60 °C und einen Durchfluss von 2,5 l/min, der einen R_{th}‘ von 0,16 Kcm^2/W zeigte. Dabei zeigt sich ein etwas geringerer normierter thermischer Widerstand als ursprünglich simuliert. Der Druckverlust ist etwas erhöht im Vergleich zu den Berechnungen, was sich allerdings durch die mit gemessenen zusätzlichen Umlenkungen im Aufbau erklären lässt.

Ergebnisse

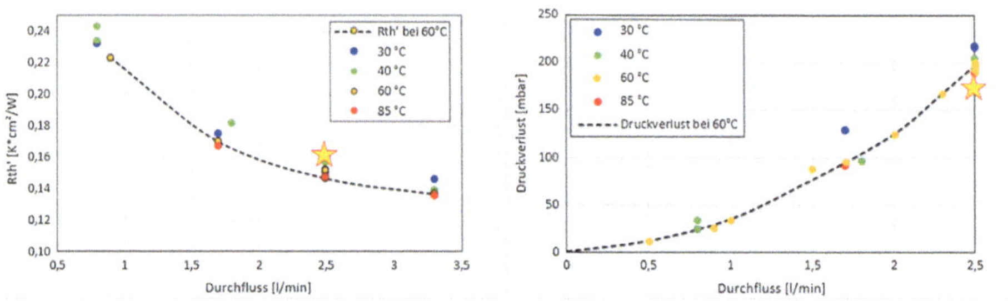

a. b.

Abb. 13. Ergebnisse thermische Charakterisierung. a) Thermischer Widerstand R_{th}‘ [Kcm^2/W] gegen den Durchfluss [l/min]. b) Druckverlust [mbar] gegen den Durchfluss [l/min]

5.3 Doppelpulsvermessung

Zur Bewertung des Moduls wurde ein Doppelpulstest durchgeführt. Es wurden dabei bei Spannungen von 0–800 V und Strömen von 0–450 A vermessen.

Aufgrund der Messergebnisse lässt sich die Induktivität auf 6 nH abschätzen. Alle gemessenen Spannungen und Funktionen entsprechen den zulässigen maximalen Werten aus dem Datenblatt der jeweiligen Halbleiterelemente. Auftretende Oszillationen während der Schaltvorgänge werden gedämpft, bevor der nächste Vorgang startet. Die Drain-Source-Spannung wurde auf etwa 20 V/ns reduziert, um die Anforderungen für einen Inverter zu erfüllen. Die Untersuchung der Schaltzelle zeigt auf, dass sie deutlich schneller schalten kann als die gewählten Testpunkte.

6 Zusammenfassung und Diskussion

Im Zuge der Entwicklung wurde eine 1200 V SiC-Halbbrücke mit aufgesinterten Halbleiterelementen konstruiert und als Prototyp gefertigt.

Der Keramikkühler wurde mit einer umlaufenden Metallisierung realisiert, keramische Kondensatoren befinden sich auf der Rückseite.

Anhand der durchgeführten Messungen und Untersuchungen wurden für den Aufbau sehr gute thermische Eigenschaften ermittelt.

Der auf Fläche normierte thermische Widerstand R_{th}‘ beträgt 0,15 Kcm^2/W bei einem Druckverlust Δp von 168 mbar. Der Temperaturunterschied ΔT zwischen dem wärmsten und dem kältesten Chip beträgt 6,5 K.

Neben den thermischen wurden auch die elektrischen Eigenschaften untersucht. Das Modul zeigt eine geringe Induktivität von 6 nH bei 1 GHz inklusive der Kondensatoren.

Der Vergleich zu einem Referenz-Metallkühler zeigt eine Reduzierung des thermischen Widerstands um etwa 29 % bei einem vergleichbaren Keramikkühler mit identischer Innengeometrie. Durch eine Optimierung des Keramikkühlers kann eine weitere Reduzierung um fast 50 % realisiert werden.

Literatur

1. Argueta, R.: A Technical Research Report: The Electric Vehicle (2010)
2. Überall F.: Untersuchung unterschiedlicher Spannungsebenen in Kraftfahrzeugen. Bachelorarbeit, Technische Hochschule Ingolstadt (2021)
3. Powerelectronic News. Renewables to Drive Power Electronics Future – Power Electronics News. https://www.powerelectronicsnews.com/renewables-and-evs-to-drive-power-electronics-future/ (2020). Accessed 19 Okt. 2020
4. Yang, L., Agyakwa, P., Corfield, M., Johnson, M., Harris, A., Packwood, M., Paciura, K.: Comparison of thermal and reliability performance between a SiC MOSFET module with embedded decoupling capacitors and commercial Si IGBT power modules. In: CIPS 2018, VDE Verlag GmbH, Stuttgart, pp. 205–210 (2018)
5. CeramTec GmbH Industrial Solutions, Advanced Ceramics for Electronic Applications (2021)
6. CeramTec CeramCool Kühlkörper, https://www.ceramtec-industrial.com/de/produkte-anwendungen/kuehlkoerper

„Wir drehen auf!“ – Wälzlagerlösungen für den E-Antriebsstrang

Dr. Franz Völkel(✉), Johannes Kerstiens, Dr. Christoph Lunk, Georg Petery, und Dr. Christina Stöber

Schaeffler Technologies AG & Co. KG, Herzogenaurach, Deutschland
{franz.voelkel,Johannes.Kerstiens,christoph.lunk, Georg.vonPetery,christina.stoeber}@schaeffler.com

Zusammenfassung. In modernen Antriebssträngen für BEV werden E-Maschinen mit hoher Drehmomentkapazität und Drehzahlgrenzen jenseits von 20.000 U/min eingesetzt, die spezielle Anforderungen an die Rotorlagerung mit sich bringen. Im Besonderen treten in diesen schnelle Drehmomentwechsel und damit hoch-dynamische Axialkraftwechsel auf. Hinzu kommen neben den äußeren Lasten noch in signifikantem Maße Kreiseleffekte und Fliehkräfte aufgrund von leichten Unwuchten bzw. Materialsetzungen, die das radiale und axiale Schwingungsverhalten am Ende dominieren und daher bei der Auslegung genau analysiert werden müssen. Ziel ist es, kritische Betriebszustände für die Lagerung rechtzeitig zu identifizieren und in der Folge beispielsweise den besten Kompromiss aus Vorspannung und niedrigem Reibmoment zu finden. In diesem Beitrag werden zunächst relevante und kritische Lastfälle diskutiert und deren Einflüsse auf die Dynamik der Rotorwelle detailliert veranschaulicht. Dabei werden moderne Analyseverfahren und Simulationswerkzeuge thematisiert. Im Folgenden wird die Dynamik im Wälzlager selbst erläutert, d. h. inklusive Käfigschwingungen, woraus Maßgaben an das bzw. die Lager als Ganzes resultieren. Es werden Kugellager und Zylinderrollenlager präsentiert, die den besonderen Anforderungen moderner Antriebsstränge standhalten und zudem weitere Eigenschaften wie geringe Reibung und Selbsterwärmung aufweisen. Des Weiteren werden im Ausblick Lösungen für Rotorlagerungen mit Stromdurchgang dargestellt.

Schlüsselwörter: Wälzlager im E-Antrieb · Dynamik · Lastfälle · Rotorwelle

1 Einleitung

In Pkw-E-Antriebssträngen treten weitaus höhere Drehzahlen an der Rotorwelle als an der Kurbelwelle von Verbrennungskraftmaschinen auf (siehe Rotorlager in **Abb. 1**). Dieser Unterschied ist hinreichend bekannt, doch er ist nicht allein Grund für verschärfte Anforderungen an die Lagerung von Rotor- und Getriebeeingangswellen. Verschiedene dynamische Effekte verursachen Zusatzlasten und Bewegungsformen innerhalb der Lager, welche für einen sicheren Betrieb des Aggregats Berücksichtigung finden müssen.

A. Heintzel (Hrsg.): EFPWRT 2022, Proceedings, S. 42–58, 2023.
https://doi.org/10.1007/978-3-658-42553-1_4

Abb. 1. Beispielhafte E-Achse mit Kennzeichnung der Rotorlager

2 Anforderungen an die Rotorwellenlagerung im E-Antrieb

Rotorwellenlagerungen verdienen besonderes Augenmerk: Hohe Drehzahlen stellen per se besondere Anforderungen an Wälzlager und können darüber hinaus in stationären Betriebspunkten ein resonantes Systemverhalten begünstigen, das in klassischen Antriebssträngen gewöhnlich nicht relevant ist (**Abb. 2**).

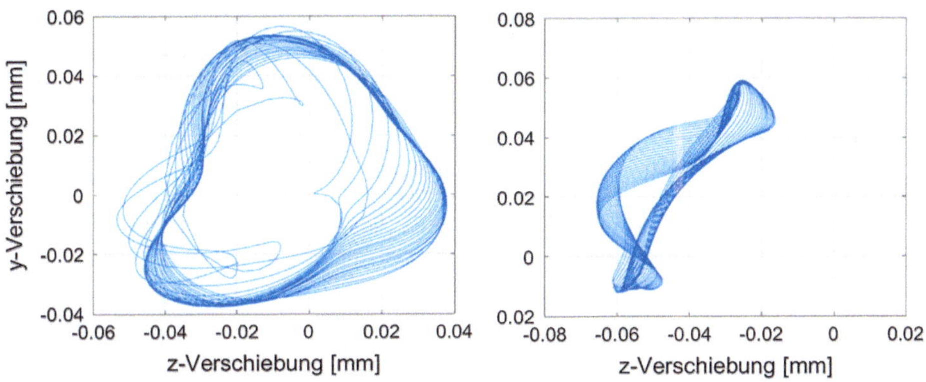

Abb. 2. Bewegungstrajektorien eines Innenrings in einem festgehaltenen Außenring unter verschiedenen Betriebsbedingungen. Pro Umdrehung der Welle um die x-Achse wird die Schleifenform einmal komplett nachgefahren

Erschwerend sind dabei die variablen Temperaturniveaus von Rotorwelle und Gehäuse, die im Lagerspiel vorzuhalten sind und die in Betriebszuständen mit temperaturbedingt erhöhtem Lagerspiel die dynamische Systemempfindlichkeit beeinflussen. Auch hochdynamische Änderungen der Betriebsbedingungen, wie steile Drehzahlrampen und stoßartige Lastwechsel, stellen im Vergleich zu verbrennungsmotorischen Antriebssträngen erhöhte Anforderungen an die Lagerung. Weiterhin tragen Rotorwellenlagerungen aufgrund des hohen Drehzahlniveaus maßgeblich zur Effizienz des

Antriebsstrangs bei, mit unmittelbarer Auswirkung auf die Batteriereichweite. Darüber hinaus können auch schnell drehende Lager der Getriebeeingangswelle enormen Belastungskräften ausgesetzt sein, insbesondere durch eine dort angeordnete Parksperre. Nicht zuletzt ist bei Rotorlagerungen auch elektrischen Phänomenen und verschiedenen Stromdurchgangsmechanismen Rechnung zu tragen. Jede Anforderung für sich würde bei idealer Auslegung zu einem eigenen Lagerdesign führen. In diesem Spannungsfeld erfordert die Lagerauslegung folglich ein hohes Maß an Erfahrung hinsichtlich kritischer Betriebsbedingungen und Simulationskompetenz zur Abbildung und Bewertung von Lagerverhalten und -belastung.

Als lagerkritisch lassen sich entsprechend einige Betriebsbedingungen differenzieren, auf die im Folgenden näher eingegangen wird:

1) stationäre Hochdrehzahl
2) hochdynamische Änderungen der Betriebsbedingungen
3) resonantes Systemverhalten im höheren Drehzahlbereich
4) Parksperrenstoß
5) Stromdurchgang

3 Diskussion kritischer Lastfälle

3.1 Stationäre Hochdrehzahl

Hohe Drehzahlen erfordern spezielle Käfigdesigns, um Belastung und Verformung aus Fliehkräften Rechnung zu tragen, **Abb. 3**, **Abb. 4**, **Abb. 5**. Insbesondere bei asymmetrischen Designs können sich auch Auswirkungen auf das effektive Käfigtaschenspiel ergeben.

Abb. 3. Käfigverformung unter Fliehkraft

Daher wird bei SCHAEFFLER die Drehzahleignung von Käfigen für Hochgeschwindigkeitskugellager (HSBB) im Rahmen der Auslegung routinemäßig und abhängig von den konkreten Anwendungsbedingungen mittels FEA-Simulation nachgewiesen.

Bei hohen Drehzahlen können die quadratisch ansteigenden Unwuchtkräfte des Rotors bedeutsam für die Dimensionierung der Federvorspannung werden. Insbesondere wenn mit höherem Betriebsspiel zu rechnen ist, empfiehlt sich zur Vermeidung

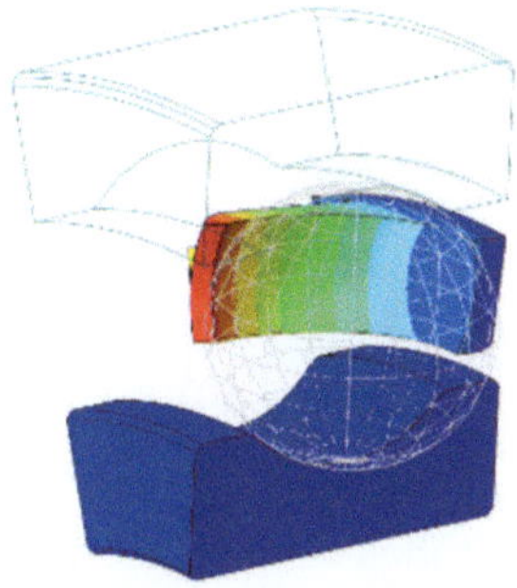

Abb. 4. Käfigsegment-Verformung

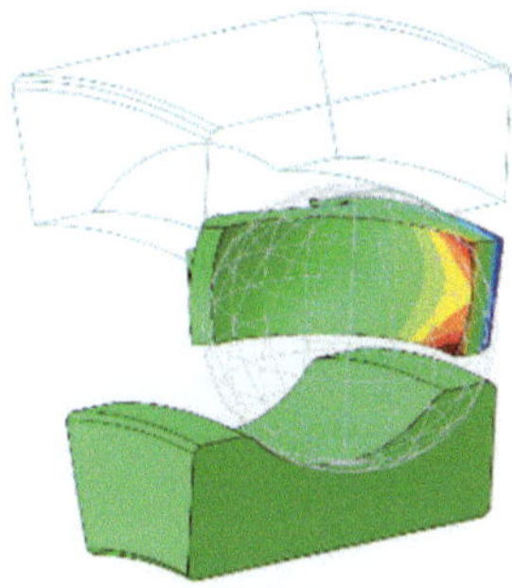

Abb. 5. Käfigsegment-Spannung

von Rotortaumeln eine Überprüfung des statischen Kräftegleichgewichts im Lager. Zu diesem Zweck lassen sich die radiale Rotorkraft und die Lagerreaktionskraft als Funktion der Rotorexzentrizität darstellen, **Abb. 6**:

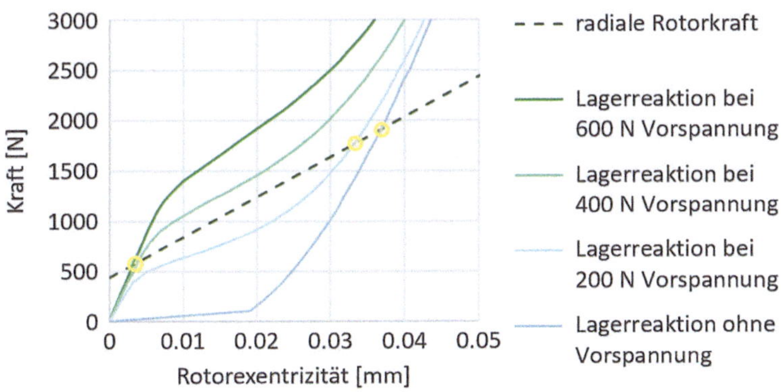

Abb. 6. Radiale Rotorkraft und Lagerreaktion über Rotorexzentrizität. $m^* = 12$ kg, $U^* = 100$ gmm, $n = 17.000$ U/min, $s_r = 30$ µm, $f^*/e_{max} = 2000$ N/mm

Die gestrichelte Rotorkraft setzt sich zusammen aus Rotorgewicht g · m, statischer Unwucht U (Wuchtgüte), magnetischem Zug und Unwucht aus exzentrischer Rotorlage, wobei erstere im Betriebspunkt konstant sind und letztere sich proportional zur Rotorexzentrizität e verhalten.

$$F_{rotor} = g \cdot m^* + \omega^2 \cdot U^* + \left(\frac{f^*}{e_{max}} + \omega^2 \cdot m^* \right) \cdot e$$

mit f = Skalierungsfaktor magnetischer Zug [N], e_{max} = Luftspaltdicke, ω = Winkelgeschwindigkeit. Alle *-Größen sind auf die Lagerebene bezogen bzw. skaliert. Die Lagerreaktionskräfte (durchgezogenen Linien) steigen mit der axialen Federvorspannung an. Je Kurve lassen sich zwei Bereiche unterscheiden: Im Bereich geringer radialer Belastung lässt sich ein größerer Gradient bzw. eine höhere Steifigkeit identifizieren als im Bereich höherer Radiallast. Diese Verläufe spiegeln unterschiedliche Lastverteilungen wider. Eine große Lastzone mit vielen Kontakten bedingt eine hohe Steifigkeit und resultiert aus einem großen Lastverhältnis Axialkraft zu Radialkraft und umgekehrt. Die Lastverteilung und die Lagerreaktionen sind entsprechend auch spielabhängig. Zur möglichst zentrischen Führung des Rotors empfiehlt sich eine Federkraftdimensionierung, die einen Schnittpunkt von Rotorkraft und Lagerreaktion (Gleichgewicht) bei geringer Exzentrizität im Bereich des steileren Gradienten des Lagerreaktionskraftverlaufs ermöglicht, **Abb. 6**.

3.2 Hochdynamische Änderungen der Betriebsbedingungen

Potenziell kritische interne Lagerdynamik kann infolge plötzlicher Belastung auftreten, beispielsweise beim Schalten einer Rotorabkopplungseinheit (DCU). Zum Einkuppeln des Rotors wird dieser zunächst mit hohem Drehzahlgradienten auf die aktuelle Getriebedrehzahl synchronisiert. Ohne Federvorspannung können die Lager dabei annähernd lastfrei unter Schlupf laufen, das heißt die Wälzkörper und der Wälzkörpersatz bewegen sich mit geringerer Drehzahl ① als der kinematischen Solldrehzahl ④, **Abb. 7**. Bei anschließend plötzlich einfallender Last ② bricht der Schlupf zusammen – Wälzkörper und Wälzkörpersatz werden abrupt beschleunigt ③. Die mitunter hohen Käfigbeanspruchungen ⑤ müssen vom Werkstoff ertragbar sein und erfordern gegebenenfalls ein robusteres Käfigdesign. Der Nachweis erfolgt simulativ mit dem Wälzlager-Mehrkörpersimulationswerkzeug Caba3D, **Abb. 7**, oder auf einer Prüfebene mit dynamischer Belastungsmöglichkeit und Käfigdrehzahlüberwachung.

3.3 Resonantes Systemverhalten im höheren Drehzahlbereich

Hohe Systemdynamik kann jenseits von klassischer Rotorresonanz in ungünstigen stationären Betriebspunkten auftreten. Solche Betriebspunkte lassen sich überschlägig durch Überlagerung von stationären und umlaufenden Radiallasten charakterisieren, beispielsweise wo sowohl radiale Verzahnungskräfte als auch umlaufende Unwuchtkräfte abgestützt werden. Die Kraftamplituden können dabei die Nominalkräfte deutlich übersteigen. Neben NVH-Auffälligkeit und erhöhter Reibung kann die Dynamik eine kritische Käfigbeanspruchung hervorrufen, der mit dem Käfigdesign Rechnung

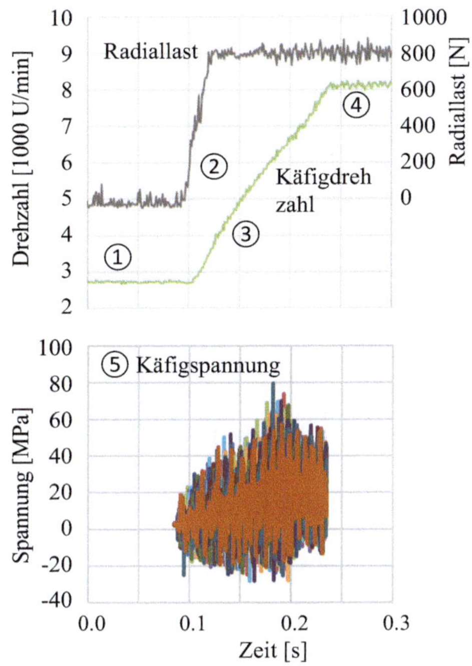

Abb. 7. Transiente Caba3D-Simulation

zu tragen ist. Solche Zustände zu identifizieren und zu bewerten, erfordert eine dynamische Systemsimulation, die die nichtlinearen und gekoppelten Lagersteifigkeiten berücksichtigt, siehe Absatz „4 Dynamik im Antriebsstrang und im Wälzlager“.

3.4 Parksperre, Rotor- und Fahrzeugstoß

Die höchsten statischen Überlasten entstehen typischerweise beim Einlegen einer Parksperre, wenn Fahrzeug und Rotor noch in geringer Bewegung sind und die trägen Massen von der Parksperre abgebremst werden, oder schlicht beim unsachgemäßen Abschleppen, **Abb. 8**. In der Lagerauslegung ist dafür Sorge zu tragen, dass Kontaktpressungen, Druckellipsenabschneidungen und Kantenspannung im zulässigen Bereich liegen, denn plastische Eindrückungen können das NVH-Verhalten im nachfolgenden Regelbetrieb verschlechtern. Einen ersten Aufschluss hinsichtlich Geräuschverhalten geben die statischen Tragsicherheitsfaktoren, wobei für normalen ruhigen Lauf $S_0 \geq 1$ (Kugellager) und $S_0 \geq 1{,}5$ (Rollenlager) anzustreben ist, [1].

3.5 Stromdurchgang

Im Niedriglastbereich sind Stromdurchgangsschäden in Folge von Durchschlägen typischerweise ausgeprägter als im Hochlastbereich. Dieser potenzielle Schadensmechanismus ist somit nicht ausreichend durch klassische Ermüdungsprüfebenen abgedeckt,

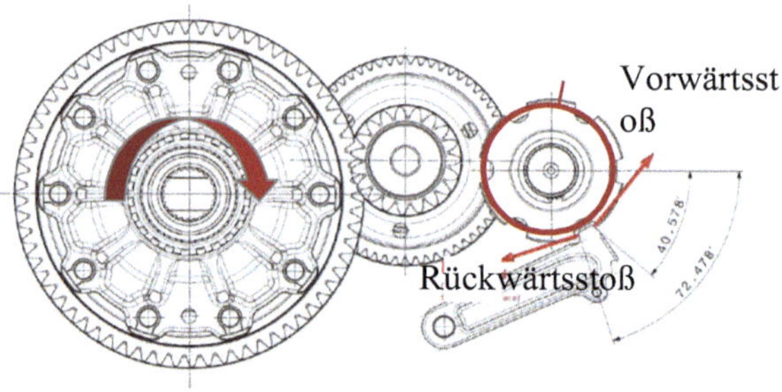

Abb. 8. Parksperre auf Getriebeeingangswelle

die auf überhöhten Kollektiven basieren. Wie Lagerlösungen zur Vermeidung von Stromdurchgang beitragen können, wird im Absatz „7 Sonderlager im Kontext des Stromdurchgangs" betrachtet.

4 Dynamik im Antriebsstrang und im Wälzlager

Im Folgenden wird das dynamische Verhalten der rotierenden Welle und wesentliche Einflussgrößen darauf näher betrachtet.

4.1 Lagersteifigkeiten, Lagerkräfte und -momente

Eine wesentliche Eigenschaft von Wälzlagern ist ihr nichtlinearer Steifigkeitsverlauf. Deshalb sind Untersuchungen auf potenzielle Anregungen von Eigenmoden nicht nur eine Frage der Drehzahl, sondern auch der Last. Der nichtlineare Anstieg der radialen Steifigkeit (bei Radiallagern) hängt im Wesentlichen von den Radien der Wälzkörper sowie ihrer Laufbahn („Mittenkreisdurchmesser"), der Wälzkörperzahl und dem Lagerspiel ab: Je mehr Wälzkörper tragen, bspw. durch ein geringeres Lagerspiel oder durch eine höhere Anzahl von Wälzkörpern, umso steifer wird das System.

In **Abb. 9** ist ein typisches Steifigkeitskennfeld eines Rillenkugellagers dargestellt. Bei wachsender radialer Verschiebung r und axialer Verschiebung a des Innenrings gegenüber dem Außenring bleibt die radiale Reaktionskraft F_r zunächst bis zum Ende des Radialspiels Null, danach steigt sie polynomial an gemäß $F_r \sim r^p$ (Potenz $p > 1$), weil mit ansteigender Last mehr und mehr Wälzkörper tragen. Ist die Maximalzahl erreicht, ist die Steifigkeit nahezu konstant, d. h. der weitere Anstieg der Reaktionskraft ist linear. Auch durch axiale Verschiebung des Innenrings werden mehr und mehr Wälzkörper in die Lastzone gedrückt. Jenseits des Axialspiels tragen dann schließlich alle Wälzkörper und der Anstieg der radialen Reaktionskraft ist ebenfalls proportional zur radialen Verschiebung ($F_r \sim r$) bzw. die Steifigkeit ist konstant.

Lagersteifigkeiten spielen eine wichtige Rolle bei den Fliehkräften: Je niedriger die Lagersteifigkeit, umso mehr wandert die Welle unter radialer Last exzentrisch nach außen. Das erhöht wiederum ihre Fliehkräfte und damit die radiale Last und die Welle wandert noch weiter. Aus Systemsicht besteht die Lagersteifigkeit dabei nicht nur aus der Steifigkeit der Wälzkörper und ihrer Außen- und Innenringe, sondern man muss die

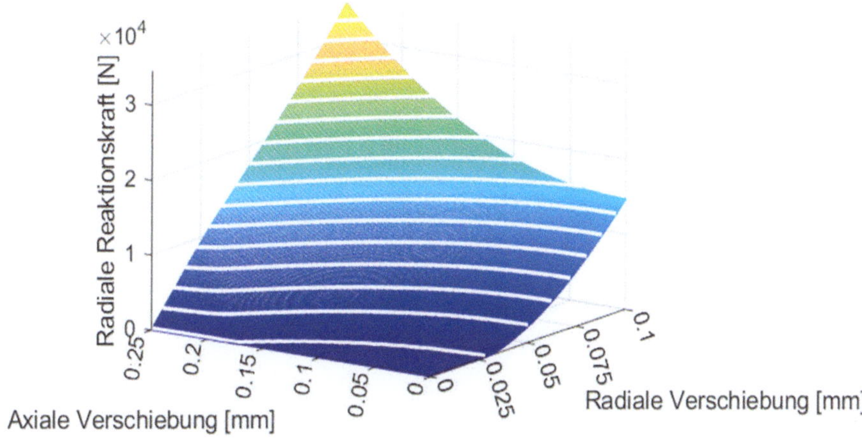

Abb. 9. Steifigkeitskennfeld eines Rillenkugellagers

Steifigkeit des Lagersitzes mit einbeziehen. Das Gehäuse bildet mit den Lagern abstrakt gesprochen eine Reihenschaltung von Federn, für die Einfederung der Welle ist daher die Gesamtsteifigkeit dieser Reihe relevant. Umgekehrt bedeutet dies: Eine gut gemeinte Versteifung eines Lagers kann durch ein weiches Gehäuse kompromittiert werden.

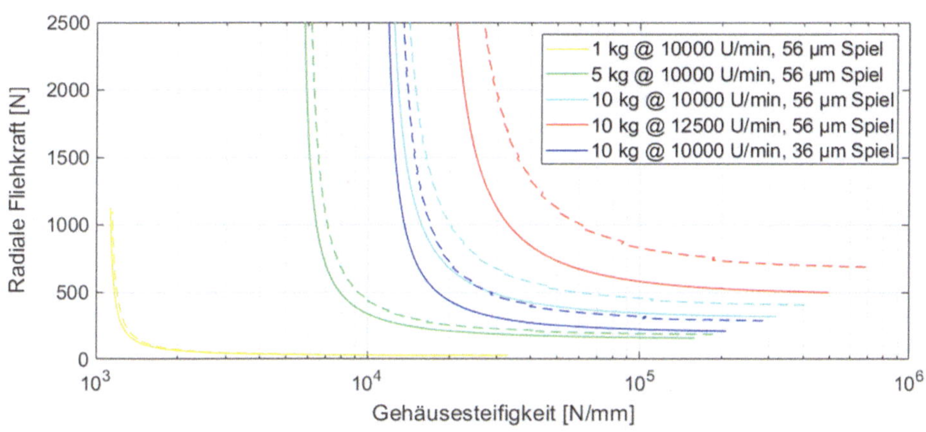

Abb. 10. Fliehkräfte in Abhängigkeit von Gehäusesteifigkeit des Lagersitzes, Masse und Drehzahl der Welle sowie des Lagerspiels. Die gestrichelte Linie berücksichtigt Gehäuse und Lager (Steifigkeit wie in **Abb. 9**), die durchgezogene Linie nur das Gehäuse

Die notwendige Gehäusesteifigkeit eines Lagersitzes kann man statisch anhand der Fliehkraft abschätzen, die abhängig von der Rotormasse (bezogen auf die Lager-ebene), das Lagerspiel und der Drehzahl ist. Man erkennt am Beispiel im **Abb. 10**:

Höhere Massen und höhere Drehzahlen bedürfen steiferer Gehäuse, damit die Fliehkräfte nicht zu stark anwachsen, zum Beispiel mehr als 1,5E4 N/mm bei 10 kg und 10,000 U/min. Ein geringeres Radialspiel (36 statt 56 µm im **Abb. 10**) bringt hinsichtlich der notwendigen Gehäusesteifigkeit wenig. Die durchgezogene und die gestrichelte Linie, d. h. die Gesamtlagersteifigkeit aus Gehäusesteifigkeit mit bzw. ohne Berücksichtigung der Lagersteifigkeit, liegen dann weit auseinander, wenn Gehäuse- und Lagersteifigkeit von ähnlicher Größenordnung sind.

Die Wellen sind bei E-Antriebssträngen meist so massiv ausgeführt, dass sie aus rotordynamischer Sicht als biegestarr betrachtet werden. Durch ihr hohes Gewicht hängt die Dynamik vor allem von ihren Lagerungen und ihrem Auswuchten ab, [2].

4.2 Dynamisches Verhalten

Während sich die translatorische Bewegung einer Welle mit Masse m in den drei Raumdimensionen durch das Newtonsche Gesetz $\mathrm{M}\vec{a} = \sum_{i} \overrightarrow{\mathrm{F}^{i}}$ noch leicht nachvollziehen lässt, d. h. die (vektorielle) Beschleunigung $\vec{a}$ des Massenschwerpunkts ist gegeben durch die (vektorielle) Summe der angreifenden Kräfte $\overrightarrow{\mathrm{F}^{i}}$ (anzugeben im raumfesten Bezugsystem), folgen die rotatorischen Dreh- bzw. Kippbewegungen der Welle um ihren Massenschwerpunkt den Eulerschen Kreiselgleichungen:

$$\sum_i M_x^i = I_{xx}\dot{\omega_x} + \left(I_{zz} - I_{yy}\right)\omega_z\omega_y$$

$$\sum_i M_y^i = I_{yy}\ \dot{\omega_y} + (I_{xx} - I_{zz})\,\omega_x\omega_z$$

$$\sum_i M_z^i = I_{zz}\dot{\omega_z} + \left(I_{yy} - I_{xx}\right)\omega_y\omega_x$$

$\omega_{\#}$ beschreibt hier die Drehgeschwindigkeit im körperfesten Koordinatensystem um die Achsen $\# = \mathrm{x},\ \mathrm{y}$ bzw. z und $\dot{\omega_{\#}}$ ihre zeitliche Ableitung. Bei rotationssymmetrischen Bauteilen, wie sie Rotorwellen überwiegend darstellen, sind die Massenträgheitsmomente quer zur Rotationsachse x gleich, d. h. $\mathrm{I_{yy}} = \mathrm{I_{zz}}$. Damit ist die erste Gleichung für den Rollwinkel ω_{x} von Newtonscher Bauart, d. h. $\sum_{\mathrm{i}} \mathrm{M_x^i} = \mathrm{I_{xx}}\dot{\omega_{\mathrm{x}}}$. Eine Änderung der Rotorwellen-Drehzahl ω_{x} erfolgt „nur" bei einem anliegenden Moment $\mathrm{M_x}$ um die Rotorachse x.

Liegen Momente quer zur Rotationsachse vor, bspw. $\sum_{\mathrm{i}} \mathrm{M_y^i} \neq 0$, dann ändert sich die Nickwinkelgeschwindigkeit ω_{y}, aber dies induziert laut der dritten Gleichung auch eine Änderung der Gierwinkelgeschwindigkeit ω_{z}. Man nennt diese Bewegung Präzession, d. h. wenn ein Moment (bspw. $\mathrm{M_y}$) schief zur Wellendrehrichtung (ω_{x}) auf die Welle wirkt, dann will die Welle senkrecht zu beiden ausweichen (Bewegung $\omega_{\mathrm{z}} \neq 0$).

Bei Elektroantrieben sind die Voraussetzungen für solche präzessierenden Bewegungen gegeben: die Rotorwelle dreht sich durch ein Antriebsmoment des Motors, Reaktionskräfte in den Lagern etc. bewirken jedoch Momente auf die Welle, die senkrecht zur Hauptrotationsachse stehen, und folglich weicht die Welle durch eine Kippbewegung diesen beiden aus. Dies kann sie umso ungehinderter tun, je mehr sie sich im Spielbereich ihrer Lagerungen befindet. Ihre Bewegungen gleichen dann den chaotisch erscheinenden Bahnen eines Kreisels (**Abb. 2**). Je nach Bewegungsamplitude dieser Bewegungen bedeuten sie eine hohe Belastung für die Wälzkörper und die Käfige in den Lagerstellen, da sie wesentlich leichter als die Welle sind und entsprechend herumgestoßen werden. In der linken Abbildung von **Abb. 2** ist der geringe Abstand zum Nullpunkt ein Indiz für zu niedrige axiale Vorspannkräfte.

Reibung kann die Axialdynamik einer Welle positiv beeinflussen bzw. beruhigen. Im **Abb. 11** ist ihr Einfluss an folgendem Beispiel illustriert: Eine Welle mit Fest-Los-Lagerung hat bei einem bestimmten Drehmoment die Situation, dass sich die axialen Vorspannkräfte des Loslagers mit den axialen Kräften aus einer Stirnradstufe aufheben. In der Folge wird die Welle nur durch den Druckwinkel des Kugellagers axial hin und her beschleunigt, die Axialkräfte im Festlager erreichen hohe Amplituden in diesem Betriebspunkt. In **Abb. 11** sind die Axialkräfte bei einem Drehzahlhochlauf als rote Kurve dargestellt. Berücksichtigt man in der Simulation den Einfluss der Reibung im Loslager, dann wachsen mit der Drehzahl die axialen Klemmkräfte des Außenrings durch die steigenden Fliehkräfte, d. h. das Loslager ist bis zu einem bestimmten Grad axial fixiert, und die Axialdynamik der Welle lässt nach (gelbe Kurve).

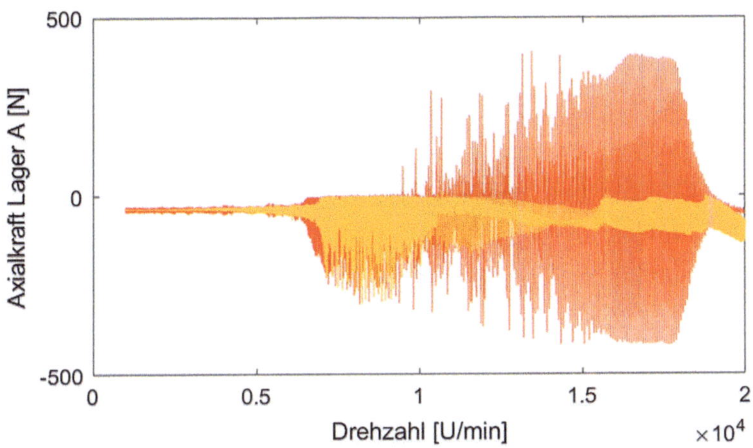

Abb. 11. Einfluss von Reibung auf die Axialdynamik

„Freie" Bewegungsmöglichkeiten der Welle entstehen umso eher, je mehr sich die angreifenden Kräfte in einem Lager in Summe zu Null ergeben. Durch folgende Maßnahmen können Nullkräfte vermieden werden:

- Erhöhung der axialen Vorspannung bspw. über Loslagerungen mit Tellerfedern
- Änderung der Lageranordnung und -positionen
- Reduktion des Lagerspiels
- Wahl des Wälzlagertyps und Anzahl der Wälzkörper
- Versteifungen im Lagersitz, d. h. unter Einbeziehung des Gehäuses
- Minimierung oder umgekehrt bewusstes Einbringen von Unwuchten
- Änderungen an der Massenverteilung
- Schrägungswinkel an Stirnrädern ändern oder andersherum orientieren
- Erhöhung von Reibung oder Dämpfung

Vorausgehen sollte aber zunächst eine Risikobewertung, d. h. abzuklären, wie bedeutsam diese Betriebspunkte mit Nullkräften in der Anwendung tatsächlich sind. Gegebenenfalls lassen sich durch Änderungen in der Systemsteuerung auch bestimmte Betriebspunkte gänzlich vermeiden.

4.3 Simulationswerkzeuge

Alle angesprochenen Einflüsse auf die Dynamik von hochdrehenden Antriebswellen lassen sich per Simulation analysieren. Um trotz der steigenden Performance von Computersystemen stets in absehbarer Zeit Antworten auf den Einfluss eines variierten Modellparameters zu erhalten, hat sich das kaskadierte Vorgehen bewährt:

Eine Mehrkörpersimulation als Schnellanalyse schätzt die Dynamik der Wellenbewegung ab, wobei die Lager nur als nichtlineare Federn abgebildet sind, die Wellen sind starr, Verzahnungskräfte, Unwuchten, etc. werden als Kraftelemente berücksichtigt.

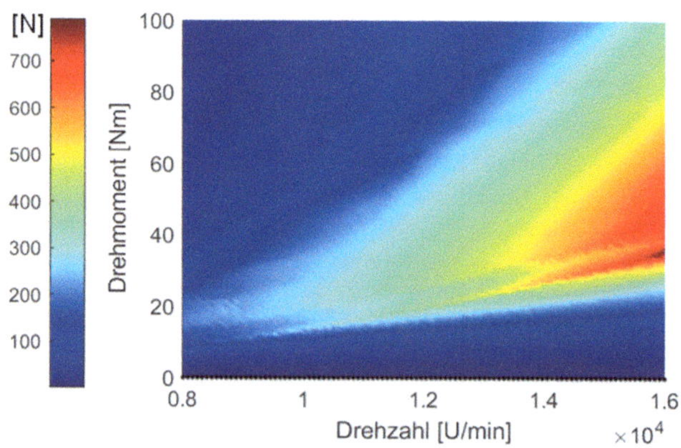

Abb. 12. Axialkraftamplituden eines Lagers in einer Heatmap-Darstellung

Mit Fokus auf die Frage nach den Lastbedingungen (Drehmoment und Drehzahl) für das Entstehen von Nullkräften wurde bei der Firma SCHAEFFLER das Tool „RoDyna“ entwickelt, welches mit Hilfe einer transienten Simulation diese Frage für ein bestimmtes Layout innerhalb von wenigen Minuten beantwortet. Dazu werden parallel auf allen verfügbaren CPU-Kernen Drehzahl- oder alternativ Drehmomentrampen gerechnet und die Ergebnisse in sogenannten Heatmaps zusammengefasst (siehe Abbildung **Abb. 12**). Jede einzelne Rampe benötigt weniger als eine Minute Rechenzeit auf einem Rechenkern in Abhängigkeit der gewünschten Auflösung. Die in **Abb. 12** dargestellte Heatmap war auf einer Workstation mit 12 Kernen somit innerhalb von 5 min erzeugt.

Hat man auf Basis der Dynamikanalyse eine Konfiguration aus Lagern, Vorspannkräften, Verzahnungen, usw. gewählt, geht man in die Feinanalyse der Lager, sprich in die Betrachtung der Bewegung der Wälzkörper und des Käfigs in einem kritisch erscheinenden Lastpunkt. Bei SCHAEFFLER kommt dafür seit Jahren das ständig weiterentwickelte Werkzeug Caba3D zum Einsatz, welches die Elastizität des Käfigs ebenso berücksichtigt wie die besonderen Reib- und Gleitzustände in den Wälzkörperkontakten. Die Schnellanalyse mit dem RoDyna-Werkzeug liefert die Weganregungsdaten für diese zeitlich aufwändigere Simulation.

Sollte die Caba3D-Simulation dem Lager und insbesondere dem Käfig eine noch zu verbessernde Festigkeit attestieren, dann auf Basis einer bestimmten Stellung der Wälzkörper zueinander und einer bestimmten Drehzahl. Mit diesen Informationen lassen sich erste Überarbeitungen am Käfigdesign sofort in einer quasistatischen einfachen FE-Analyse bewerten. Eine Wiederholung der Caba3D-Analyse empfiehlt sich nach Abschluss der Designüberarbeitung aber dennoch, weil eine geänderte Massenverteilung auch zu einem geänderten Bewegungsverhalten des Käfigs führt, ebenso wie eine Änderung der Käfigtaschen.

Beispiele für Lagerungen mit speziell angepassten und optimierten Käfigdesigns werden in den beiden anschließenden Kapiteln vorgestellt.

5 Kugellager

Wie in Kap. 3 und 4 dargelegt werden an die Rotorwellenlagerung durch hohe Drehzahlen und durch dynamisches Systemverhalten erhöhte Anforderungen an Kugellager gestellt. Wegen dieser auftretenden Effekte muss das Augenmerk auf Zusatzlasten und Bewegungsformen innerhalb des Kugellagers gelegt werden, wie auf Lagersteifigkeiten, auftretende Lagerkräfte und -momente, die zu gesteigerten Beanspruchungen v. a. der Käfigtaschen, Resonanzfrequenzen des Käfigs und Translationsbeschleunigungen führen können. Eine verbesserte Konstruktion des SCHAEFFLER Kugellagers für hohe Geschwindigkeiten berücksichtigt die dargelegten kritischen Anforderungen (**Abb. 13**). Unter anderem wird durch eine optimierte Laufbahngeometrie für geringere Reibung und Selbsterwärmung des Lagers gesorgt und geringere Lagergeräusche erzielt.

Abb. 13. High Speed Ball Bearing (HSBB)

Durch Formoptimierungen konnten die Käfigspannungen reduziert werden und das Käfigdesign entspricht den Anforderungen sehr hoher Drehzahlen (jenseits 1,3 Mio.

N x dm). Das patentierte einteilige Design besticht durch seine einfache Montage („snap in“ Methode) und ist für alle gängigen HSBB Basistypen im SCHAEFFLER Baukasten verfügbar und preisgünstig erhältlich.

Um das HSBB Lager mit dem optimierten Käfigdesign gemäß den erhöhten Anforderungen abzusichern, wurden verschiedene Validierungsmaßnahmen herangezogen. Es wurden Simulationen gemäß Referenzlastfällen für HSBB durchgeführt. Diese zeigen, dass der optimierte HSBB Käfig für übliche Lastfälle einen sicheren Spannungsbereich bis 1,6 Mio. n x dm aufweist. Um die Berechnungen zu verifizieren, absolvierte das optimierte SCHAEFFLER HSBB Lager verschiedene Prüfstandsläufe: Für den Nachweis der Hochdrehzahleignung des Käfigs wurde die Drehzahl treppenstufenartig erhöht (Käfig-Stufenläufe). Es wurde beim Stufenlauf der Abschaltpunkt des Prüflaufs von 31.500 U/min (>1,8 Mio. n x dm) ohne Käfigbeschädigung erreicht.

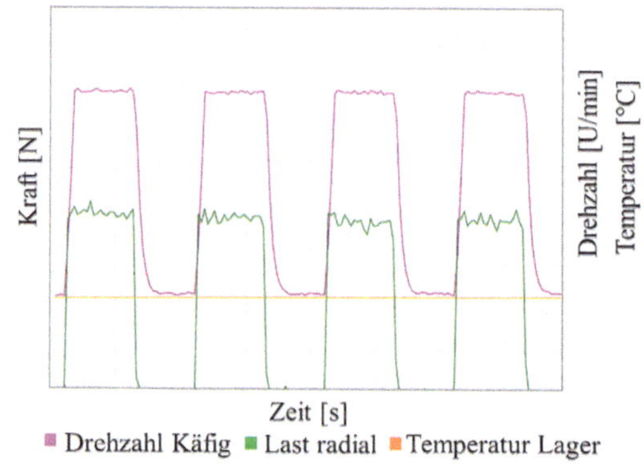

Abb. 14. Käfig-Stress-Test

Ferner erfolgte eine dynamische Prüfung des HSBB Lagers mit optimiertem Käfig zum Nachweis der Robustheit des Käfigs unter hoher dynamischer Belastung auf einem von SCHAEFFLER eigenentwickeltem hochdynamischen Prüflauf (**Abb. 14**). Die verschärften Anforderungen durch schnelle Beschleunigungen im Käfig-Stress-Test auf dem Hochdynamik-Prüfstand wurden im angesetzten Prüflauf von 450 h bis zur Abschaltung des Prüfstandes vom SCHAEFFLER HSBB Lager ohne Beanstandungen absolviert.

6 Zylinderrollenlager

Immer mehr Hersteller setzen auch bei E-Achsen auf ein Fest-Loslager Konzept, um vorspannungsbedingte Reibungsverluste, wie sie in angestellten Lagerungen auftreten, zu vermeiden. Zylinderrollenlager finden in diesem Zuge vermehrt Verwendung, da sie als ideales Loslager mit einer Verschiebefunktion zwischen Wälzkörpersatz und Lagerringen und nicht wie bei Kugellagern zwischen Außenring und Gehäuse aufwarten. Außerdem bietet ihr Linienkontakt eine hohe radiale Tragfähigkeit, die z. B. bei hohen statischen Parksperrenlasten auf der Getriebeeingangswelle zu kleineren Lagerabmessungen führt, als dies mit Kugellagern darstellbar wäre (**Abb. 15**).

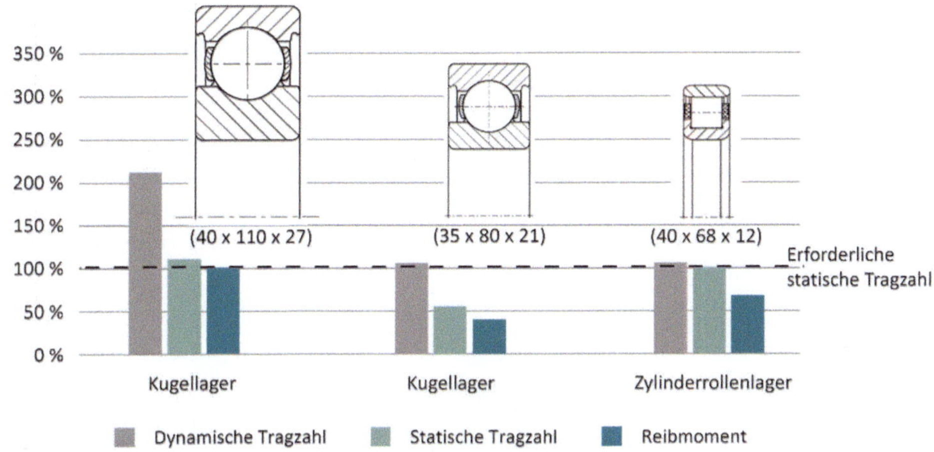

Abb. 15. Vergleich von einem Kugellager mit einem Zylinderrollenlager für den Einsatzfall auf der Getriebeeingangswelle einer E-Achse

SCHAEFFLER hat speziell für den Einsatz in E-Antrieben Hochgeschwindigkeits-Rollenlager entwickelt. Im Vergleich zu konventionellen Zylinderrollenlagern wurden diese hinsichtlich ihrer Innenprofilierung, der Anzahl der Wälzkörper und deren Abmessungen sowie der Führung und Geometrie des Käfigs optimiert. Außerdem stellen Wälzkörper mit speziell gehonter Oberfläche eine geringere Geräuschentwicklung sicher.

Die Lagerbauform N mit einem glatten Außenring und einem doppelbordigen Innenring verringert bei hohen Drehzahlen die Planschverluste (**Abb. 16**). Durch den Entfall der Borde und den am Innenring geführten Käfig wird ein Ansammeln des Schmierstoffs in der Außenringlaufbahn verhindert.

Abb. 16. Hochdrehzahl- Zylinderrollenlager

Neue Kostenpotenziale bietet ein Technologieschwenk von massiv gefertigten Zylinderrollenlagern zu blechumgeformten Rollenhülsen (**Abb. 17**). Letztere bieten zusätzlich einen Bauraum- und Tragzahlvorteil, weil ihre Hülsen durch die Verwendung von Bandmaterial dünner sind als die Außenringe von Zylinderrollenlagern. Herstellungs- und funktionsbedingt kann bei Rollenhülsen nicht komplett auf die Borde verzichtet werden. Zur Reduzierung von Planschverlusten werden daher Aussparungen in den Borden sowie in der Stirnfläche des Käfigs vorgesehen. Außerdem erfolgt bei Hochgeschwindigkeits-Rollenhülsen die Führung des Käfigs über die Hülsenlaufbahn mittels speziell optimierter Käfignocken.

Abb. 17. Hochdrehzahl-Rollenhülse

Sowohl bei den Zylinderrollenlagern als auch bei den Rollenhülsen wurde die Rollenhalterung im Käfig reibungsoptimiert und so gestaltet, dass sich unter der hohen Fliehkraftbelastung nur geringe Käfigdeformationen ergeben.

7 Sonderlager im Kontext des Stromdurchgangs

Neben den dynamischen Effekten stellen parasitäre elektrische Stromdurchgänge im Wälzlager eine weitere Besonderheit in deren Betrieb dar. Für Automotive-Anwendungen sind in aller Regel sogenannte EDM-Ströme (auch kapazitive Entladeströme) sowie hochfrequente Zirkularströme ursächlich für die Entladungen über das bzw. die Wälzlager. Diese Entladungen beeinflussen die Lebensdauer als auch die Akustik der Lager und führen zu Phänomenen bzw. Schäden wie Oberflächenmattierung, Riffel, WEC, Schälungen bzw. Grübchenbildung und vorzeitige Schmierstoffalterung, wie auch in [3] und [4] erklärt.

Durch die Erhöhung des Systemspannungsniveaus auf 800 V sowie durch den Einsatz von Invertertechnologien mit höherer Schaltgeschwindigkeit und Schaltfrequenz werden die o. g. Ursachen für die parasitären Stromdurchgänge weiter verstärkt. Daher müssen Lösungen für beide genannten Ursachen gefunden werden. Im Fall der EDM-Ströme sind ableitende Maßnahmen von Vorteil, die das elektrische Potenzial zwischen

Welle und Gehäuse auf einem so geringen Niveau halten, dass die am Lager abfallende Spannung klein bleibt und keine bzw. für den Betrieb nur unwesentliche Entladungen im Lager auftreten. Um den Zirkularstrom zu verringern, muss eine isolierende Maßnahme eingesetzt werden, welche den Stromkreis über die Welle, das Gehäuse, die beiden Rotorlager und ggf. weitere Getriebelager unterbricht. Da die verschiedenen Ursachen verschiedene Abhilfemaßnahmen nötig machen, kann die eine Maßnahme die andere nicht ersetzen. Eine Kombination der Maßnahmen Ableitung und Isolation ist dennoch möglich, wenn diese räumlich voneinander getrennt eingesetzt werden, vorzugsweise mit der Ableitung auf der A-Seite und der Isolation auf der B-Seite der E-Maschine.

Abb. 18 zeigt die von SCHAEFFLER zur Stromableitung entwickelte Lösung – das Stromableitlager. Es besteht aus einem hochdrehzahlfähigen Kugellager, das um einen Ableitring und eine beschichtete Hülse ergänzt ist. Im elektrischen Sinn handelt es sich somit um eine Parallelschaltung von Lager und Ableitung. Der Ableitring besteht aus dem eigentlichen Karbon-Ableitelement, welches mittels einer Blechkonstruktion gefasst und am Lageraußenring montiert ist. Die Gegenlauffläche des Ableitrings besteht aus einer beschichteten Hülse, welche auf den Lagerinnenring aufgesetzt ist. Das Stromableitlager bzw. das Ableitelement weist eine äußerst hohe Leitfähigkeit bei sehr geringer Reibung und Verschleiß auf. Zudem kann es bis Drehzahlen von über 20.000 U/min eingesetzt werden. Die eigentlichen Vorteile der Kombination aus Lager und Ableitung liegen im sehr geringen Zusatzaufwand für den Kunden und damit in der Kostenreduktion.

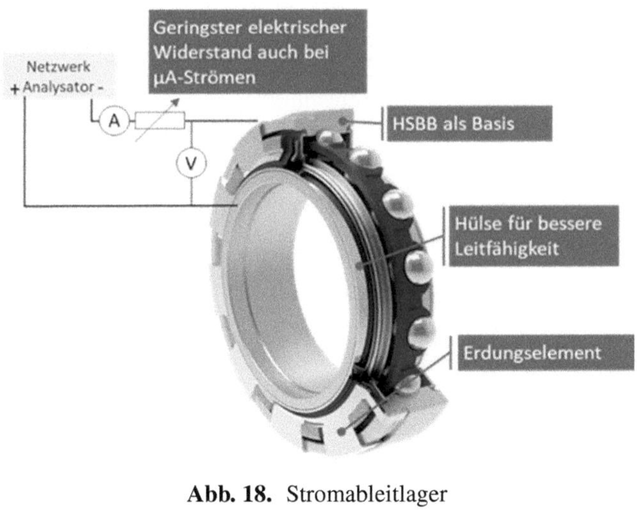

Abb. 18. Stromableitlager

In **Abb. 19** ist das SCHAEFFLER Stromisolationslager dargestellt. Hierbei handelt es sich um ein Lager mit einem isolierten Außenring. Anders als bei bisherigen Lösungen besteht die Isolationsschicht aus einem Duroplast-Werkstoff. Dieser ist in der Lage, hohe Spannungen als auch hohe Temperaturen bis etwa 150 °C zu ertragen.

Die Isolationsschicht ist feinbearbeitet, um den engen Toleranzanforderungen von Hochdrehzahllagern gerecht zu werden. Durch die hohe Schichtdicke von ca. 1 mm wird

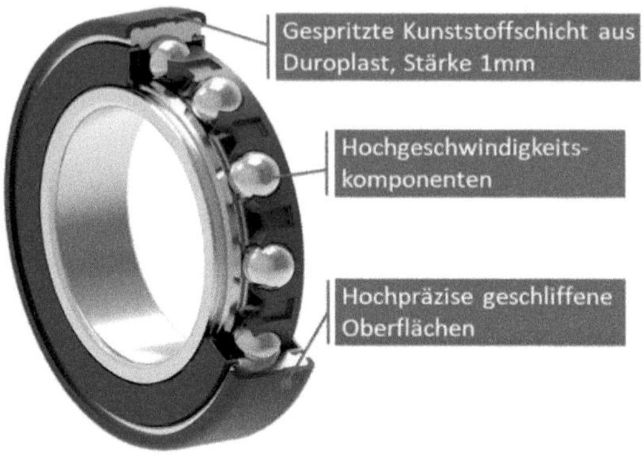

Abb. 19. Stromisolationslager

eine sehr gute Isolationswirkung erzielt, die vergleichbar mit der eines Hybridlagers mit Keramikkugeln ist. Jedoch liegt das Kostenniveau des Stromisolationslagers deutlich unterhalb des eines Lagers mit keramischen Elementen.

8 Zusammenfassung

Rotorwellenlager in modernen E-Antriebssträngen müssen erheblichen Belastungen standhalten. Dies ergibt sich aber nicht allein aus dem stark angehobenem Drehzahlniveau, sondern es spielen verschiedene dynamische Effekte eine wesentliche Rolle. Es ist für den sicheren und effizienten Betrieb von größter Wichtigkeit, diese Effekte zu verstehen und auf Systemebene simulieren zu können. Es werden durch zum Teil eigens entwickelte Software-Lösungen Belastungsfälle für die Lagerung bestimmt, um ein robustes Lagerdesign darstellen zu können. Hierbei beeinflussen sich Systemgrößen wie die Lagervorspannung und Komponentengrößen wie die Lagerdetailkonstruktion gegenseitig, da stets ein Optimum aus Langlebigkeit und geringstmöglichen Reibungsverlusten gesucht wird.

Mithilfe umfangreicher Validierungen hat Schaeffler Lagerlösungen für den Hochdrehzahlbereich bis über 20.000 U/min entwickelt. In der Mehrzahl sind dies sehr effiziente Hochdrehzahl-Kugellager. In einigen Fällen ist auch der Einsatz von Hochdrehzahl-Zylinderrollenlagern oder -Rollenhülsen vorteilhaft.

Tritt im Bereich der Rotorwellenlagerung die Problematik von elektrischen Stromdurchgängen auf, hat Schaeffler auch für diesen Fall Lösungen wie das Stromableit- und das Stromisolationslager entwickelt.

Quellen

1. Schaeffler Technologies AG & Co. KG: Wälzlager HR1 (2017)
2. Gasch, R., Nordmann, R., Pfützner, H.: Rotordynamik, 2. Aufl. Springer, Heidelberg (2005)
3. Völkel, F. et al.: Rolling into the future – bearing solutions for electric mobility. 20. Internationaler VDI-Kongress, Dritev – Drivetrain for Vehicles (2020)
4. Eireiner, D. et al.: Bearings reinvented. Schaeffler Kolloquium, Bühl (2022)

RNT-Verschleißmessung im Getriebe eines elektrischen Antriebsstranges

Hubert Schultheiß(✉), Philipp Zumpf, Marcel Löpitz, Erik Ullmann, und Felix Wild

IAV GmbH, Stollberg, Deutschland
{hubert.schultheiss,philipp.zumpf,marcel.loepitz,erik.ullmann,
felix.wild}@iav.de

Zusammenfassung. IAV hat ihr bewährtes Verschleißmessverfahren auf Basis der Radionuklidtechnologie (RNT), dessen bisheriger Haupteinsatzbereich in der Verbrennungsmotorenentwicklung lag, für Untersuchungen an Getrieben angepasst und optimiert. Die Verfahrensweiterentwicklung ermöglicht die simultane und hochpräzise Verschleißanalyse an mehreren Getriebebauteilen unter weitestgehend realen Betriebsbedingungen. Das Messverfahren stellt damit eine ideale Ergänzung der bisherigen Entwicklungsmethoden von Getrieben dar, die unter den Randbedingungen der E-Mobilität vor neue Herausforderungen gestellt werden.

Schlüsselwörter: RNT-Verschleißmessung · Elektr. Antriebsstrang · Schmiermittelentwicklung

IAV hat ihr bewährtes Verschleißmessverfahren auf Basis der Radionuklidtechnologie (RNT), dessen bisheriger Haupteinsatzbereich in der Verbrennungsmotorenentwicklung lag, für Untersuchungen an Getrieben angepasst und optimiert. Die Verfahrensweiterentwicklung ermöglicht die simultane und hochpräzise Verschleißanalyse an mehreren Getriebebauteilen unter weitestgehend realen Betriebsbedingungen. Das Messverfahren stellt damit eine ideale Ergänzung der bisherigen Entwicklungsmethoden von Getrieben dar, die unter den Randbedingungen der E-Mobilität vor neue Herausforderungen gestellt werden.

Neue Herausforderungen auch für Schmiermittelhersteller

Die Neuausrichtung hin zu elektrischen Antriebskonzepten hat Auswirkungen auf den gesamten Antriebsstrang eines Fahrzeuges [1]. Auch wenn sich die konstruktive Komplexität elektrifizierter Getriebe gegenüber konventioneller Antriebsstränge grundsätzlich reduzieren kann, gilt diese Vereinfachung nicht für alle Teilsysteme. Bei einigen Komponenten, beispielsweise den Schmiermitteln nimmt die Anforderungsbreite sogar deutlich zu.

Dies liegt darin begründet, dass die Getriebe in elektrischen Antriebssträngen meist nicht mehr baulich getrennt als Einzelsystem bestehen, sondern mit der E-Maschine in einer Antriebseinheit vereint sind. Ein wesentliches Ziel dieser Zusammenführung

A. Heintzel (Hrsg.): EFPWRT 2022, Proceedings, S. 59–67, 2023.
https://doi.org/10.1007/978-3-658-42553-1_5

ist es, Getriebe und E-Maschine mit einem gemeinsamen Medium zu schmieren und zu kühlen. In dieser Kombination erhält das ursprüngliche Getriebe-Schmiermittel völlig neue Aufgaben und Anforderungen. Dazu zählen beispielsweise verbesserte Fließ- und Wärmeleitfähigkeiten, eine hohe elektrische Durchschlagsfestigkeit, die chemische Stabilität und das Verhindern chemischer Reaktionen, insbesondere von Kupfer.

Erweiterte Anforderungen verlangen nicht nur die Zugabe zusätzlicher Additive, sondern unter Umständen völlig neue Ölformulierungen. Viele Eigenschaften der neuen Schmiermittel können mit relativ einfachen Grundlagentests abgeprüft werden. Die endgültige Bewertung und Freigabe der Öle erfolgt jedoch mittels zeit- und kostenaufwendiger Dauerläufe. Zwischen diesen Grundlagen- und Freigabetests besteht folglich der Bedarf an Bindegliedern, um frühzeitig eine möglichst sichere und praxisnahe Vorauswahl treffen und sich auf die aussichtsreichsten Ölkandidaten konzentrieren zu können.

Verschleißmessung mit Radionuklidtechnologie

Ein solches Bindeglied stellt das bisher in der Verbrennungsmotorenentwicklung eingesetzte und bewährte Verfahren der Online-Verschleißmessung auf Basis der Radionuklidtechnologie [2] dar. IAV hat das RNT-Messverfahren für das neue Anwendungsgebiet weiterentwickelt und setzt es derzeitig auf den modernen E-Mobilitätsprüfständen am Standort Stollberg [3] ein.

Zur Vorbereitung der RNT-Verschleißmessung werden verschleißkritische Bauteile an einem Zyklotron mit Teilchen beschossen, wobei einzelne Atome der Bauteiloberfläche in radioaktive Nuklide umgewandelt werden (Aktivierung). Die aktivierten Bauteile werden anschließend in eine Getriebe-Antriebseinheit, Abb. 1, verbaut und unter Einhaltung entsprechender Strahlenschutzrichtlinien auf einem Antriebsstrangprüfstand bei weitestgehend realen Einsatzbedingungen betrieben, Abb. 2.

Während der Messkampagne gelangen die Verschleißpartikel der aktivierten Bauteile in den Ölkreislauf und werden dort von zwei Detektoren, Abb. 3, erfasst und analysiert. Die gemessenen Aktivitäten gewähren Rückschlüsse auf die Verschleißpartikel und Verschleißraten an den jeweiligen Bauteilen. Dank der Verwendung hochauflösender HPGe-Detektoren können hierbei bis zu 5 verschiedene Nuklide und damit Bauteile simultan analysiert werden.

Die Verschleißraten an Getriebekomponenten sind aufgrund anderer Verschleißmechanismen üblicherweise deutlich geringer als an den Bauteilen eines Verbrennungsmotors und stellen folglich an die Getriebemessungen noch höhere Anforderungen hinsichtlich Messgenauigkeit und Reproduzierbarkeit. Mit dem bei IAV realisierten Messsystem können Verschleißraten mit einer Genauigkeit von unter 0,1 nm/h sicher erfasst werden.

Versuchsplanung

Zur Erfüllung der hohen Anforderungen wurde ein hauseigenes Tool für die Versuchsplanung entwickelt, mit dem unter Berücksichtigung aller wesentlichen Einflussgrößen die erreichbare Messgenauigkeit und die erforderliche Messdauer für jeden Betriebspunkt vorausberechnet werden kann. Die Qualität der Messergebnisse ist von verschiedenen Einflüssen abhängig, u. a. vom Versuchsaufbau, der Messprozedur, dem jeweils verwendeten Nuklid, der Bauteilaktivität sowie der Messdauer. Mit dem Tool wird es möglich,

Abb. 1. Getriebe-Antriebseinheit eines elektrischen Pkw-Antriebsstrangs

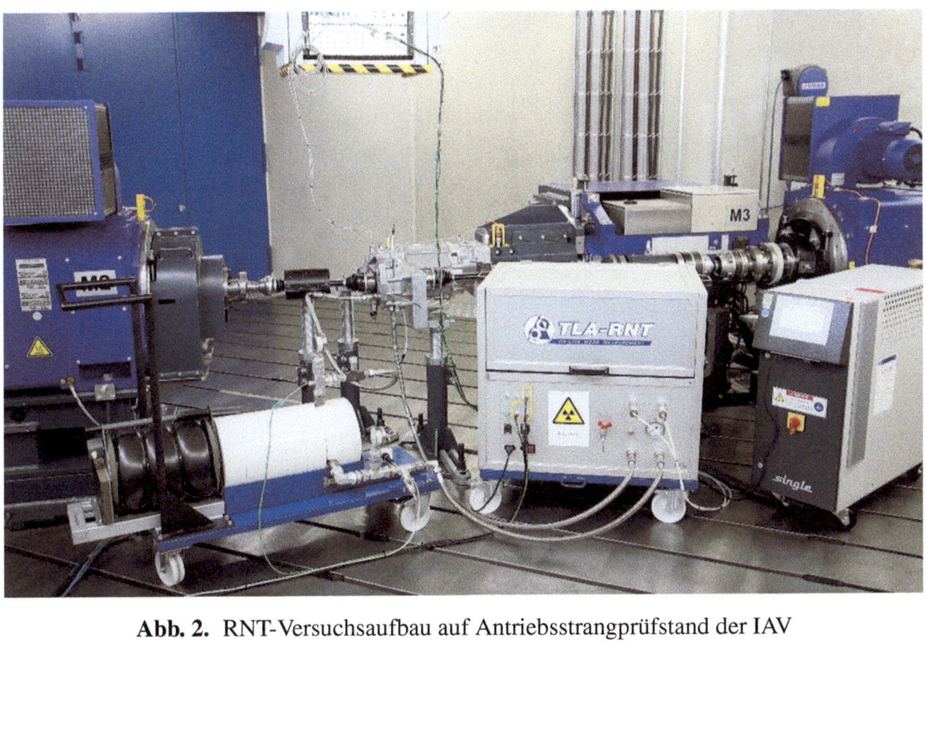

Abb. 2. RNT-Versuchsaufbau auf Antriebsstrangprüfstand der IAV

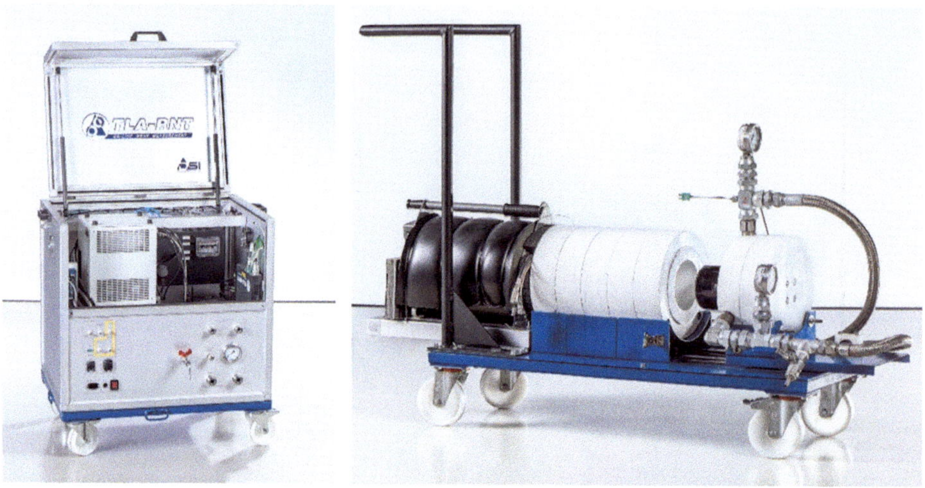

Abb. 3. RNT-Verschleißmesssystem der Firma DSI

Versuchsparameter im Voraus zu optimieren. Weiterhin können die Qualität der Ergebnisse und der damit verbundene Versuchsaufwand bereits in der Anbahnungsphase eines Projektes abgeschätzt und mit Kunden abgestimmt werden. Grundsätzlich ist es bei allen Untersuchungen möglich, die Messgenauigkeit durch eine längere Versuchsdauer zu erhöhen, wobei ein guter Kompromiss aus gewünschter Genauigkeit und entstehenden Kosten festzulegen ist.

Bei der Verschleißmessung an Verbrennungsmotoren hat sich neben dem Nachfahren dynamischer Fahrprofile und Start-Stopp-Untersuchungen auch die Untersuchung von stationären Betriebspunkten als ein wesentlicher Schwerpunkt etabliert. Die Ermittlung der Verschleißgeschwindigkeit erfolgt üblicherweise über eine mehrere Stunden dauernde Messung in jedem gewählten Betriebspunkt des Anwendungskennfeldes, um eine ausreichende Genauigkeit sicherzustellen. Die abgeleiteten Kennfelder der Verschleißgeschwindigkeiten ermöglichen anschließende Verschleißhochrechnungen über die gesamte Motorlebensdauer.

An Getrieben sind die Bedingungen für die Untersuchung stationärer Betriebspunkte jedoch kritischer, da viele Getriebe keine vollständige Druckumlaufschmierung besitzen. Unter diesen Bedingungen kann nicht gänzlich von einer ausreichenden Beölung aller Kontaktstellen über eine Dauer von mehreren Stunden bei allen stationären Betriebspunkten ausgegangen werden. Aus diesem Grund wurden für die Verschleißmessungen spezielle dynamische Drehzahl- und Lastkollektive entwickelt. Angelehnt an kundennahe Fahrprofile ermöglichen diese eine Belastungsklassierung, eine sichere Beölung aller tribologischen Kontakte über die gesamte Messzeit und eine gute Durchmischung der Verschleißpartikel im Öl.

Versuchsaufbau und Auswertesoftware

Die Unerlässlichkeit einer hohen Messgenauigkeit im RNT-Messverfahren erforderte die Entwicklung eines geeigneten Messaufbaus und die Optimierung des gesamten Mess- und Auswerteprozesses.

Für Getriebe ohne Druckumlauf- bzw. Einspritzschmierung wurde ein System entwickelt, mit dem das Öl aus dem Ölsumpf des Getriebes entnommen, an den Detektoren vorbeigeführt und dem Getriebe an einer unkritischen Stelle wieder zugeführt werden kann. Dabei muss darauf geachtet werden, dass die Ölmenge des Getriebes und die Ölbewegung im Getriebe möglichst wenig beeinflusst werden.

Das System besteht aus mehreren Komponenten, Abb. 4, und beinhaltet unter anderem einen neu entwickelten Magnetdetektor, Abb. 5. Dieser Detektor bestimmt die Aktivität von Verschleißpartikeln, die sich von aktivierten Bauteilen lösen, im Getriebeöl verteilen und anschließend an Magneten ansammeln. Mit einem auf die Magnete ausgerichteten Detektor kann kontinuierlich die Radioaktivität bestimmt und daraus auf die Menge der Verschleißpartikel geschlossen werden. Mit diesem Vorgehen wird verhindert, dass sich Verschleißpartikel an anderen Stellen ablagern, an denen sie von Detektoren nicht mehr erfasst werden können.

Gleichzeitig wird mit einem zweiten Detektor die Aktivitätskonzentration im Öl bestimmt. Aus beiden Signalen kann auf die vom aktivierten Bauteil abgegebene Radioaktivität und damit auf die Verschleißmenge und Verschleißrate geschlossen werden.

Weiterhin wurden an dem weiterentwickelten Messsystem zusätzliche Maßnahmen getroffen, die eine hohe Messgenauigkeit auch unter den Bedingungen einer erhöhten Ölverschäumung sicherstellen.

Das neue RNT-Tool innerhalb der Mess- und Auswertesoftware IAV Teslin ermöglicht nicht nur den Bauteilverschleiß nahezu in Echtzeit zu messen und darzustellen, sondern gleichzeitig Verschleißraten zu berechnen und die Qualität des Messergebnisses mit Hilfe geeigneter Größen unmittelbar zu bewerten, Abb. 6. Dazu dient insbesondere die aus den Messdaten abgeleitete Änderung der Verschleißrate über die Messzeit. Sobald sich diese Größe über einen längeren Zeitraum nicht mehr als zuvor festgelegt ändert, wird die Messung als stabil bewertet. Mit Hilfe der Auswertesoftware ist es außerdem möglich, vollautomatisiert zu bewerten, ob die gewünschte Qualität der Messergebnisse erreicht ist oder die Messung noch fortgeführt werden muss. Auf dieser Basis entscheidet die Software selbstständig, ob die geforderte Messgenauigkeit erreicht ist und setzt die Messung automatisiert im nächsten Betriebspunkt fort. Damit wird methodisch unnötige Messzeit vermieden, wodurch RNT-Messkampagnen effizient und ressourcenschonend bearbeitet werden können.

Anwendung und Ergebnisse

Die durchgeführten Messungen wurden bisher vor allem dazu genutzt, den Einfluss einzelner Versuchsparameter wie beispielsweise der Ölqualität zu analysieren. Hierbei ist darauf zu achten, dass beim Wechsel des Öles das gesamte System ausreichend gespült wird und durch die vorherigen Messungen keine Vorschädigungen an den Bauteilen entstanden sind. Zudem ist vor Beginn der Messungen ein nochmaliger Einlauf unumgänglich. Diese Betriebsstunden werden unter anderem dazu genutzt, weitere Messungen und Analysen wie beispielsweise Wirkungsgrad- und Schwingungsmessungen durchzuführen. Die Verschleißmessungen werden nicht nur zur Bewertung von Ölqualitäten genutzt, sondern dienen auch dazu, anhand des Verschleißniveaus kritische Bauteile und Betriebspunkte zu identifizieren.

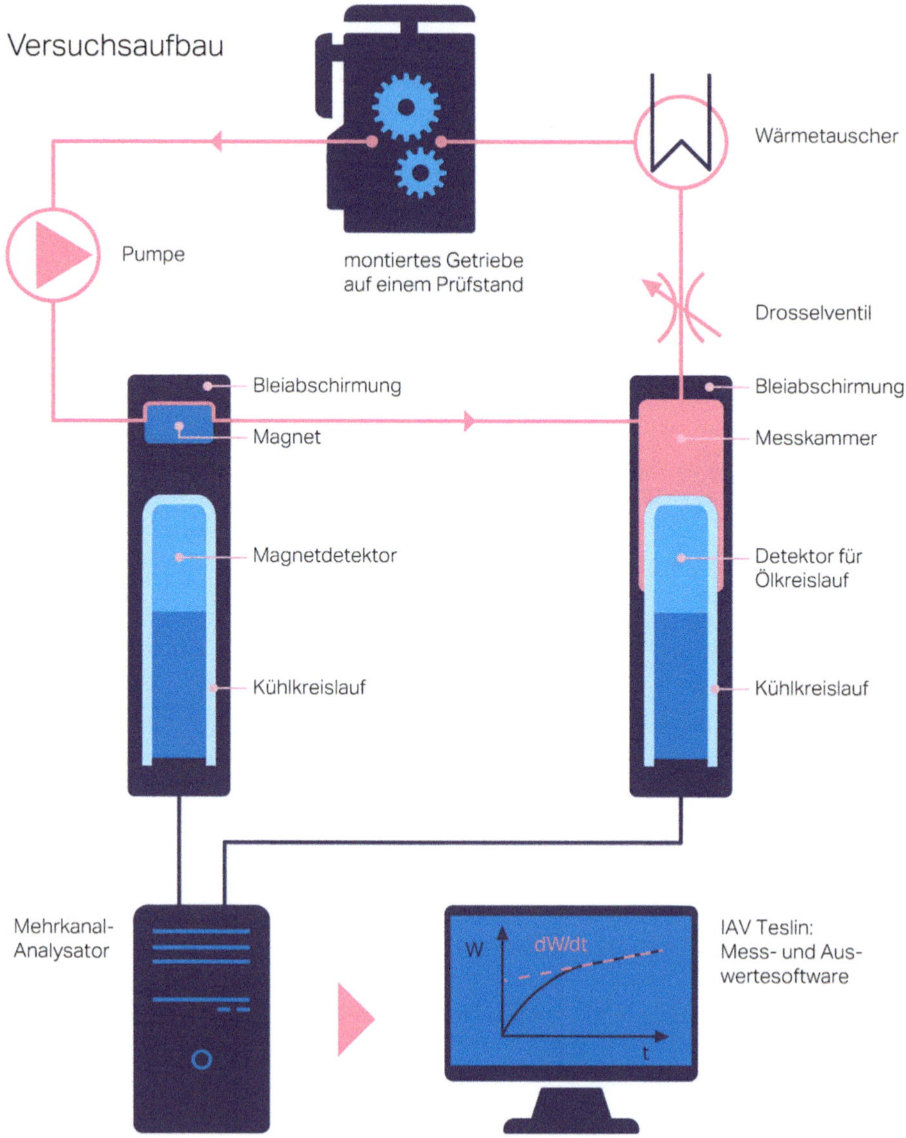

Abb. 4. Schematische Darstellung des Versuchsaufbaus

Abb. 5. Neu entwickelter Magnetdetektor

Damit gelingt es, ein möglichst großes Spektrum an Informationen zu liefern, um den Versuchsträger und die Versuchsparameter gesamtheitlich bewerten zu können. Ausgewählte Ergebnisse sind beispielhaft in Abb. 7 zusammengefasst. Die Vorzugsvariante (Ölkandidat #4) bietet sowohl im Verschleiß als auch im Wirkungsgrad signifikante Vorteile gegenüber dem Referenzöl.

Zusammenfassung und Ausblick

Die vorgestellte Herangehensweise der RNT-Verschleißmessung bietet zum Teil erhebliche Vorteile gegenüber konventionellen Dauerläufen, auch wenn damit sicher nicht alle Aspekte einer Schmiermittelbewertung im realen tribologischen System abgedeckt werden können. Während bei konventionellen Dauerläufen erst nach langer Laufzeit, Demontage, Befundung und geometrischer Vermessung eine Aussage zum Bauteilverschleiß gemacht werden kann, reichen bei der RNT-Verschleißanalyse in der Regel Messungen über wenige Stunden oder Tage, um den Einfluss eines Öls auf den Bauteilverschleiß bei unterschiedlichen Betriebsbedingungen in situ bewerten zu können. Diese Methode macht es möglich, verschiedene Öle effektiv miteinander zu vergleichen.

Die RNT-Messungen bedeuten per se keinen Entfall anderer Testarten, erlauben jedoch eine deutliche Effizienzsteigerung bei der Schmierölentwicklung. Es wird möglich, frühzeitig eine geeignete Vorauswahl an Ölkandidaten zu treffen, wodurch Aufwand, Entwicklungszeit und Kosten eingespart werden können.

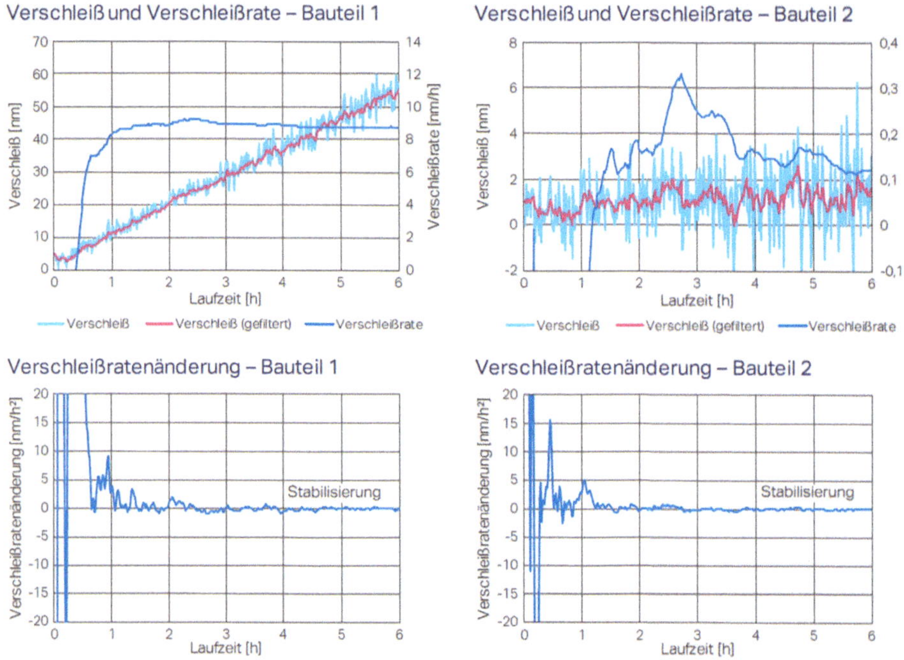

Abb. 6. Gemessener Verschleiß und Verschleißraten bei einem Betriebspunkt mit hoher Belastung

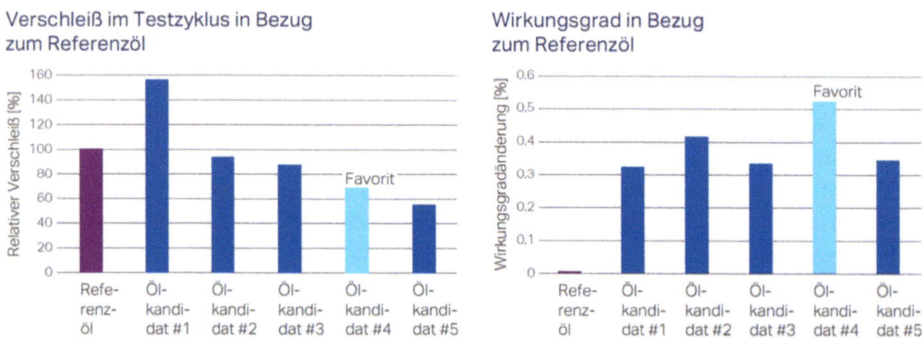

Abb. 7. Vergleich verschiedener Testöle anhand von Bauteilverschleiß und Getriebewirkungsgrad

Analog zur Schmierstoffentwicklung verheißt der Einsatz der RNT-Verschleißmessung auch für die Optimierung weiterer Parameter, beispielsweise für die Material-, Beschichtungs- und Geometrie-optimierung großes Potential.

Danke. Dieses Projekt wurde von der Petronas Lubricants Italy S.p.A. finanziell und inhaltlich unterstützt. Die Autoren danken Dr. Peter Kraneburg, Ilaria Travi, Emanuele Verda und Lars Leonhardt sowie allen Projektbeteiligten von Petronas für die gute Zusammenarbeit. Weiterer Dank gilt Olivier Courtois von der Firma DSI – Delta Services Industriels SPRL Belgium für die gute Zusammenarbeit bei der Weiterentwicklung des RNT-Messsystems.

Literatur

1. Schneider, E., Kockisch, R., Clauß, M., Ambrosius, V.: Modulare systeme für nachhaltige elektrifizierte antriebsstränge. In: ATZ, S. 48–53 (09/2021)
2. Schultheiß, H., Zumpf, P., Leesch, M.: Mit atomarer präzision. In: IAV Automotion, S. 44–45 (03/2020)
3. Hönicke, S., Schneider, C., Liebold, J., Schneider, E.: Hochvolt-Verbundprüfstand für den komponententest batterieelektrischer Fahrzeuge. In: MTZ Extra, S. 12–15 (9/2020)

Park by Wire System for current Electric Drive Units

Dr.-Ing. Jan Nowack, Dr.-Ing. Gereon Hellenbroich, Valerij Shapovalov, and Ralph Fleuren(✉)

FEV Europe GmbH, Aachen, Germany
{nowack_j,hellenbroich,shapovalov,fleuren}@fev.com

Zusammenfassung. Park lock systems are safety critical units. Due to intellectual property rights and different transmission configurations, a large variety of park lock design exists in the market. Furthermore, many park lock designs are still manually actuated. A new mechanical park lock system will be presented which is actuated by wire. The system has been optimized for rotary actuators and is extraordinarily compact. In addition, it minimizes the contact stresses due to optimized geometries. Furthermore, the functional safety and diagnostic concept for park-by-wire park lock systems, exemplarily for this system, will be presented. This will be done in accordance to current multi speed power-shift EDU concepts, including FMEA, legal, requirements summary, safety goal definition and error detection mechanism.

Schlüsselwörte: Functional safety and diagnostic concepts · Mechanical park lock concept · Park by wire concept

The following chapters are divided according to the park lock development steps shown in Fig. 1

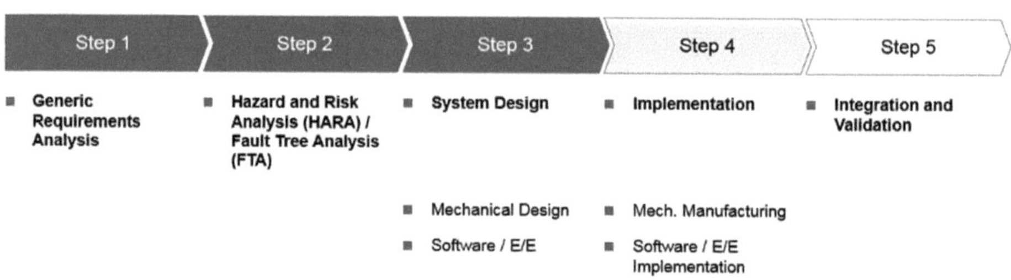

Fig. 1. Park Lock System development steps

1 Generic Requirements Analysis

A requirement analysis has been performed to identify the major system requirements from a Park lock system for a passenger vehicle. An overview of the identified requirements is shown in Fig. 2. Some sample OEM requirements were assumed, based on

Die Originalversion des Kapitels wurde revidiert. Ein Erratum ist verfügbar unter https://doi.org/10.1007/978-3-658-42553-1_13

A. Heintzel (Hrsg.): EFPWRT 2022, Proceedings, S. 68–76, 2023.
https://doi.org/10.1007/978-3-658-42553-1_6

prior experiences of FEV. These requirements helped in creating a baseline design of the system, hardware and software. The system design has been, however, kept flexible to meet customer and market specific requirements. Intellectual Property restrictions were also considered while creating the baseline requirements.

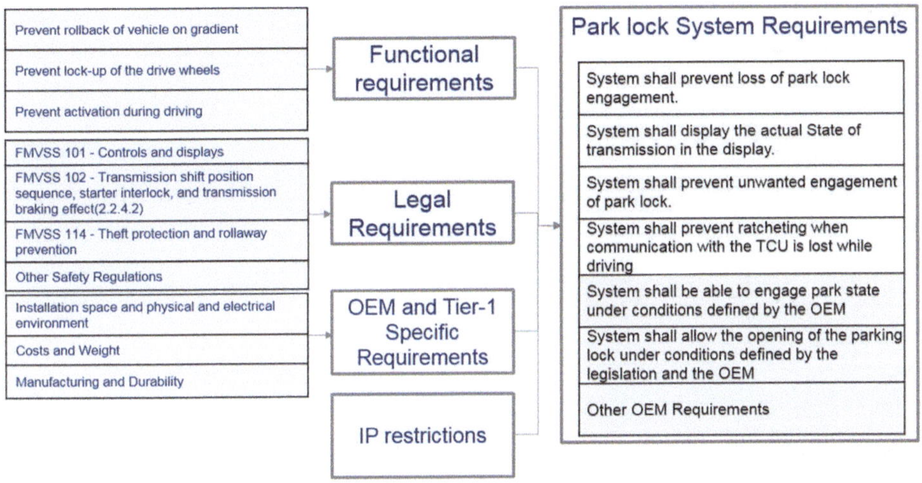

Fig. 2. Park Lock Requirements overview

2 Item Definition

A typical passenger vehicle has been considered for creating the item definition, see Fig. 3.

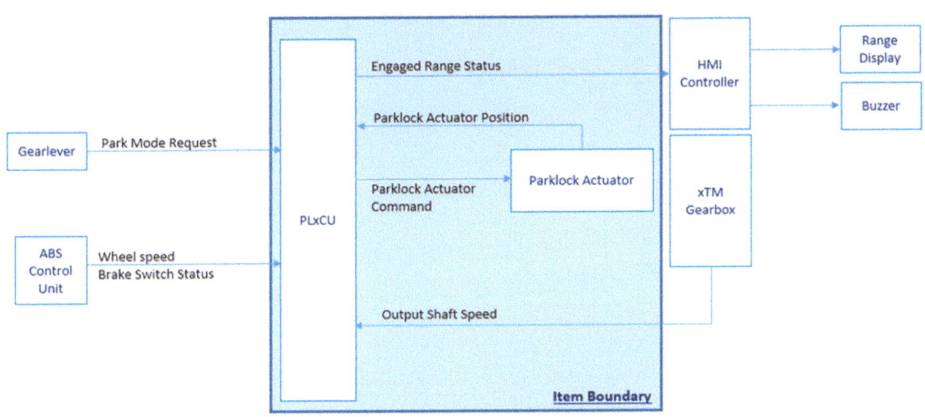

Fig. 3. Item Definition for FEV Park Lock System

This helps identifying the key elements of the vehicle and the Park lock system. The key elements are described below:

- Gear Lever: Element in vehicle through which driver request for Park state is communicated to PlxCU
- ABS Control Unit: Antilock braking system control unit
- HMI Controller: Human Machine Interface Controller responsible for controlling display to driver
- xTM Gearbox: Transmission (AMT, DCT, EDU etc.)
- Range Display: Display of Actual Engaged range to driver
- Buzzer: Audio warning to driver

The item definition has acted as a starting point for the control system and functional safety development.

3 Hazard and Risk Analysis (HARA)

Based on the item definition, a preliminary Hazard and Risk analysis (HARA) has been performed as described by ISO26262 Part 3. An overview of the process is shown exemplarily for a specific malfunction in the actuation control and resulting propulsion due to loss of Park range in Fig. 4.

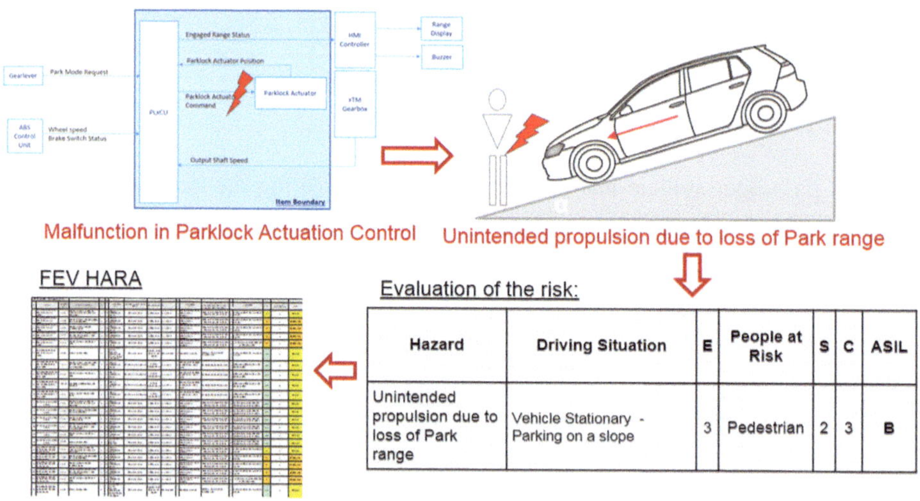

Fig. 4. Overview of FEV HARA Process

As step 1, the various hazards of the Park lock system has been identified.

As step 2, the hazards has been analyzed with various use scenario's to identify Severity (S), Exposure (E) and Controllability (C).

As step 3, the Safety goals and ASIL has been identified for the Park lock system.

ID	Safety goal	ASIL	Safe state / fallback level (if applicable)
1	Prevention of Unintended Display control for Park Function	B	1. Range to Show '-' (Or Blank) 2. 'Press Brake lamp' to turn on 3. Buzzer to turn on until driver presses brake pedal (All are CAN Signals)
2	Prevention of Unintended Park Mode disengagement	B	1. Range to Show Actual Range with Blinking 2. 'Press Brake lamp' to turn on 3. Buzzer to turn on until driver presses brake pedal (All are CAN Signals)
3	Prevention of Unavailability of Park Lock Control	QM	
4	Prevention of Unintended Park Mode engagement	QM	

Fig. 5. Overview of Safety Goals

Based on FEV preliminary HARA, the ASIL for the park lock system has been determined, as ASIL B. An overview of the safety goals including ASIL rating is given in Fig. 5. These were used for current system development and design of safety measures. However, for the final product development, Safety Goals / ASIL coming from OEM HARA shall also be considered. Based on final Safety goals, OEM safety Concept and ASIL, adequate safety measures shall be ensured by FEV.

4 Park Lock Development and Optimization

FEV has broad experience in the development of park lock systems. Within more than 15 projects, FEV has developed an unique in-house tool chain, which includes powerful lay outing tools for quick concept development as well as advanced CAE methods including Finite-Element-Analysis and Multi-Body Simulation, see Fig. 6.

The range of services does include:

- Benchmarking and target setting (function, durability, NVH)
- Concept development incl. full system specification
- Design & CAE incl. tolerance analysis
- DFMEA and definition of critical characteristics
- DVP definition based on vehicle duty cycle incl. limiting sample testing
- Hardware validation on bench and in vehicle according to FEV and/or customer standards
- By-wire S/W development incl. Functional Safety

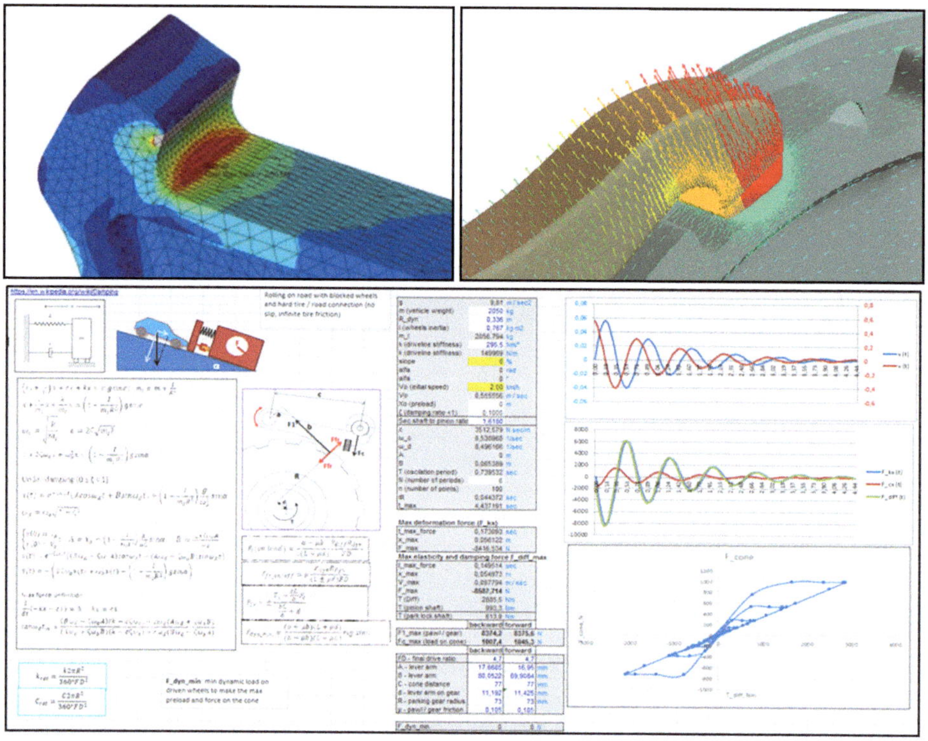

Fig. 6. Park Lock Development Tools

4.1 Universally applicable Park Lock Module for all global Markets

Based on generic requirements and targeting applications in all global markets, FEV has developed a compact park lock module. Due to its compact size and flexible orientation, it can easily be packaged in most transmissions. The module has been designed for rotary actuation and can be combined with a wide range of actuators and sensors. Paired with FEV's software and sensor concept, no smart actuator is needed. Manual cable actuation is also possible.

The current design has the following specification:

- Up to 2.400 kg gross vehicle weight
- Up to 4.000 kg with small modifications
- Maximum parking slope: 30%
- Ratio park lock gear to wheels: >3

4.2 Compact, modular design

Figure7 gives an overview of the different components of the park lock module.

During the concept development, a lot of attention has been paid to the optimization of the contact area between the actuation mechanism and the pawl. Conventional pull-cone designs inherently have to deal with high contact stresses due to point or line contacts.

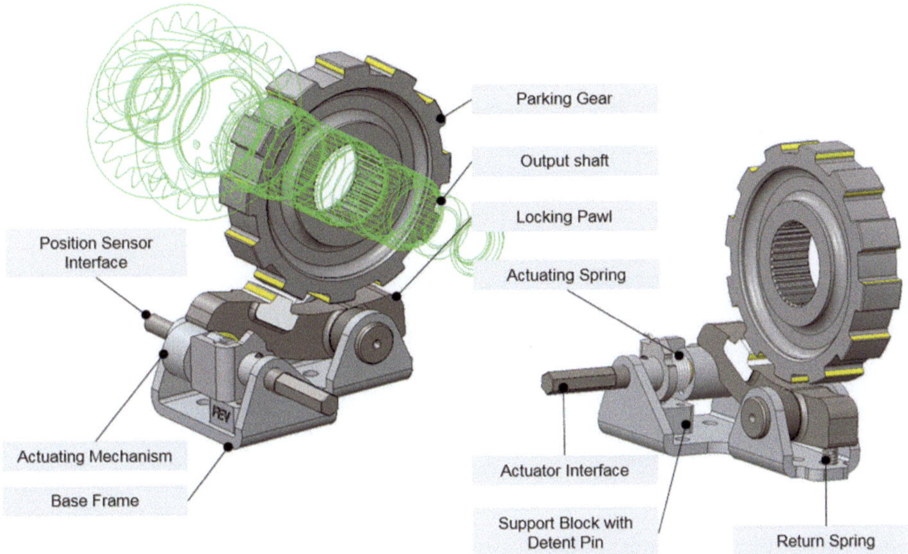

Fig. 7. Overview of Park Lock Actuation System

High contact stresses can lead to friction instabilities and high wear, eventually resulting in lower lifetime, risk of functional failures and increased actuator power requirements.

The new design uses an eccentric actuation mechanism with a convex/concave contact zone, resulting in a much larger contact area and significantly reduced contact stresses. The advantages are higher reliability and less sensitivity to tolerances. In addition, the actuator torque and power requirements can be reduced.

Figure8 shows the contact stress between pawl and actuation mechanism as well as the required actuator disengagement torque for two different designs. Both designs have to deal with the same reaction force introduced by the pawl. The new design exhibits significantly lower contact stresses and more robust disengagement behavior.

5 FEV Transmission Software Architecture

For actuation of park lock system, a 'PARK LOCK MANAGER' control software has been developed. The Control Software has been developed using AUTOSAR architecture approach on application software level. An overview of the software architecture is exemplarily shown in Fig. 9 for a multi speed electric drive unit.

Thus, it can fit in the preexisting customer SW Architecture for the xTM transmission – thereby creating a predeveloped PARK LOCK MANAGER' for the OEM. The primary characteristics of the FEV 'PARK LOCK MANAGER' are shown below.

- Physical components based on hardware components
- Logical components with encapsulated functionalities
- Standardized physical interfaces between all components
- Park Lock functionality is integrated in the Composition Vehicle and will run on TCU or combined VCU.

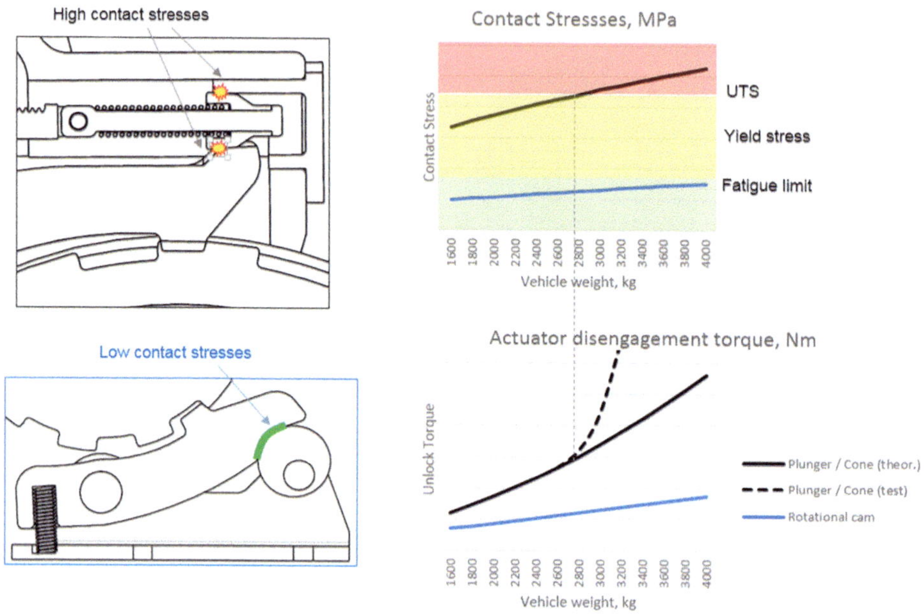

Fig. 8. Actuator disengagement torque over contact stress

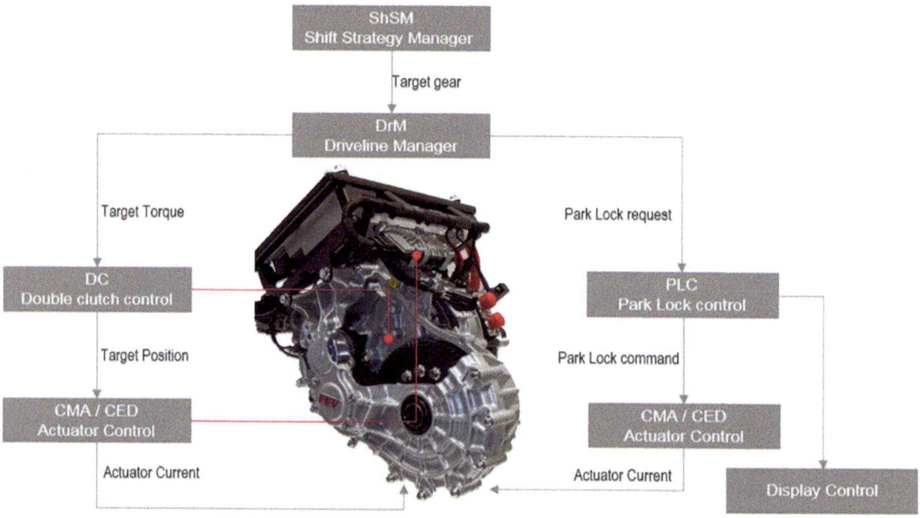

Fig. 9. Overview of FEV Control Software

6 Diagnosis Monitoring

Diagnostic coverage has been defined based on the ASIL and legal requirements. However, the coverage can be increased or decreased based on OEM requirements / Safety Concept. Currently the FEV Park lock Control System satisfies Medium Diagnostic Coverage as specified by ISO26262 Part 5 and satisfies sample OEM requirements from FEV experience. An overview of the included diagnostic is shown in Fig. 10.

Hardware Component	"Low" diagnostic coverage:	"Medium" diagnostic coverage:	"High" diagnostic coverage:	Required by OEM? (Sample)	Safety Mechanism / Measures required to cover
Harnesses including Splice and Connectors	Open circuit;	Open circuit;	Open circuit;	Y	Failure detection by on-line monit
	Short circuit (to ground);	Short circuit to ground (d.c coupled)	Short circuit to ground (d.c coupled)	Y	
		Short circuit to vbat	Short circuit to vbat	Y	
		Short circuit between neighboring pins	Short circuit between neighboring pins	Y	
			Resistive drift between neighboring pins;	N	NA
			Contact Resistance	N	NA
Actuator (detailed analysis may be necessary for technology specific failure modes*)	· Open circuit;	· Open circuit;	· Open circuit;	Y	H-Bridge internal diagnostic
	· Short circuit (to ground);	· Short circuit (to ground);	· Short circuit (to ground);	Y	
		· Short circuit (to ground, to power);	· Short circuit (to ground, to power);	Y	
			· Short circuit(to ground, to power, neighboring pins); Out-of-range;	Y	
	· Out-of-range;	· Out-of-range;	· Out-of-range;	Y	Failure detection by on-line monitoring/Functional diagnostic
	· Stuck (electrically, physically)	· Stuck (electrically, physically)	· Stuck (electrically, physically)	Y	
		· Frozen (physically or electrically stuck, locked);	· Frozen (physically or electrically stuck, locked);	Y	
			· Drift or oscillations or Offset in the valid range;	N	NA
Sensor/Switch (detailed analysis may be necessary for technology specific failure modes*)	Open circuit;	Open circuit	· Open circuit	Y	Failure detection by on-line monit
	Short circuit (to ground);	Short circuit to ground (d.c coupled)	Short circuit to ground (d.c coupled)	Y	
		· Short circuit (to ground, to power);	· Short circuit (to ground, to power);	Y	
			· Short circuit(to ground, to power, neighboring pins); Out-of-range;	N	
	Out-of-range	Out-of-range	Out-of-range	Y	
	Stuck in range	Stuck in range	Stuck in range	Y	
		Offsets	Offsets	Y	
			Oscillations	N	

Fig. 10. Overview of Diagnosis Coverage achieved for FEV Park lock System

7 Functional Safety Concept

The result of the development of the functional safety concept is shown in the following Fig. 11.

The system was been decomposed into

- Normal Control: QM(B)
- Functional safety Monitoring: B(B)

The Functional safety monitoring checks for unintended disengagement and Wrong Display Control during park lock control. It actuates the safe states based on detected Safety violation

- Disable Display of range
- Disables actuator

The functional safety concept is also scalable for higher ASILs. Based on OEM HARA, the appropriate and adequate safety mechanisms can be applied to the system.

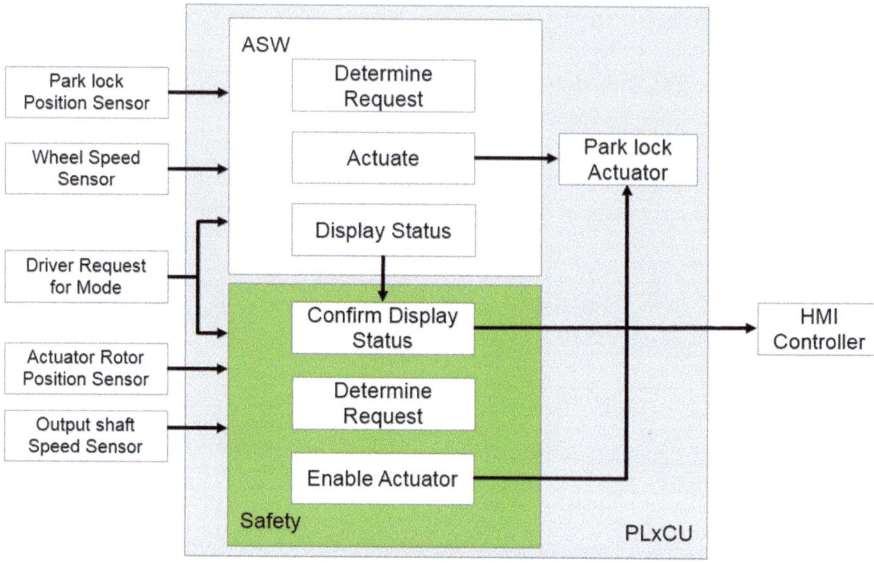

Fig. 11. Overview of Functional Safety Concept

8 Conclusions and Outlook

FEV offers a one-stop solution for the complete park lock system including hardware, control software, diagnostics and functional safety, which was shown here exemplarily for a park by wire system, suitable for common EDUs. Such a synergistic approach reduces risk, cost and reworks as compared to distributed development. The predeveloped and pre-validated products help in accelerating projects. Further, the flexible software architecture allows plug and play of the product on an existing or a new control unit while managing implementation across multiple vehicle platforms. The architecture also allows flexibility to determine the failsafe operation dependent on vehicle or platform requirements. The functional safety software is scalable allowing the product to be compliant with ASIL B to D requirements.

The current development is in implementation phase and hence ready for series development project.

A demonstration model of this Park lock system has already been presented at the 18th CTI Symposium in Berlin; 9th to 12th of December 2019 at the FEV Booth.

References

1. Standardized E-Gas monitoring concept for gasoline and diesel engine control units
2. ISO/FDIS 26262 parts 1–9 (2018)

Wie Cell-to-Pack-Systeme den Batterieentwicklungsprozess verändern und welche neuen Tools dafür benötigt werden

Mareike Schmalz(✉), Christian Lensch-Franzen, Jürgen Geisler, und Dr. Amalia Wagner

APL Automobil-Prüftechnik Landau GmbH, Landau, Germany
mareike.schmalz@apl-landau.de

Zusammenfassung. In den letzten zehn Jahren wurden wesentliche Fortschritte in der Elektromobilität und in der Batterietechnologie erzielt. Während die Batteriepacks der ersten Generationen noch stark auf etablierten Architekturen und Plattformen aus dem Verbrennungsmotorenbereich basierten, treten wir nun in das Zeitalter dedizierter Elektroplattformen und hochintegrierter Batteriesysteme ein. Der Trend geht in Richtung Cell-to-Pack oder Cell-to-Car-Design; die Batterie als Kernelement verschmilzt immer mehr mit dem Gesamtfahrzeug. Dies führt zu grundlegenden Veränderungen im Entwicklungsprozess. Zentrale Herausforderungen sind die Wahl der richtigen Zelle, sowie das Verständnis der Zelleigenschaften in ihren Wechselwirkungen mit dem System. Der Übergang von modularen Packs zu vollintegrierten Systemen geht mit verschiedenen technischen und sicherheitsrelevanten Fragen rund um die Batteriezelle einher.

APL stellt die Vor- und Nachteile bestimmter Zellformate und -chemien für den Einsatz in Cell-to-Pack-Systemen vor und gibt Einblicke in neue Methoden. Die Batterien werden speziellen Testverfahren unterzogen, um zusammenhängende Fragestellungen in den Bereichen Gasanalyse, mechanische Zellintegration, Schnellladung sowie thermische Analyse einschließlich Thermal Runaway Prävention untersuchen zu können. Durch die anschließende Detaildiagnostik, die neben klassischen Zellöffnungen und Analysen auch neue nicht-invasive Lasermessverfahren und Gasanalysen umfasst, können gezielte Antworten gefunden werden. Lithium Plating und andere Alterungseffekte werden detektiert, Gasmenge und -zusammensetzung ermittelt und mit den Einflussgrößen in Beziehung gesetzt. Basierend auf diesen Erkenntnissen werden Anpassungen am Packungsdesign vorgenommen und Betriebsstrategien überarbeitet.

Schlüsselwörter: Lithium-Ionen-Batterie · BEV · Traktionsbatterie · Gasanalyse · Thermomanagement · Cell-to-Pack · Cell-to-Car · Cell-to-Structure · Cell-to-Vehicle · Entwicklungsmethoden · Battterieerprobung · Battery testing · Electric vehicle

A. Heintzel (Hrsg.): EFPWRT 2022, Proceedings, S. 77–89, 2023.
https://doi.org/10.1007/978-3-658-42553-1_7

1 Einleitung

1.1 Motivation

Die aktuellen Trends in der Entwicklung batterieelektrischer Fahrzeuge deuten in Richtung hochintegrierter Gesamtsysteme. Die Traktionsbatterie soll für eine breite Akzeptanz im Massenmarkt immer höhere Reichweiten und Ladeleistungen bieten und zudem kostenoptimiert werden. Passive Materialien und Zwischenkomponenten wie Module werden reduziert oder ganz eliminiert. Stichworte sind in diesem Zusammenhang die Begriffe Cell-to-Pack, Cell-to-Car, Cell-to-Structure, Cell-to-Chassis und Cell-to-Vehicle. Der Kernansatz von Cell-to-Pack besteht darin, dass die Zellen nicht mehr in einzelne Module verpackt und dann zu einem Pack kombiniert werden, sondern dass die Zelle direkt in das Batteriepaket eingesetzt wird (Abb. 1). Der Übergang von modularen Paketen zu vollintegrierten Systemen geht Hand in Hand mit der Suche nach Antworten auf verschiedene technische und sicherheitsrelevante Fragen. Dies umfasst sowohl Hardwaredesign als auch Softwarelösungen im Batteriemanagement.

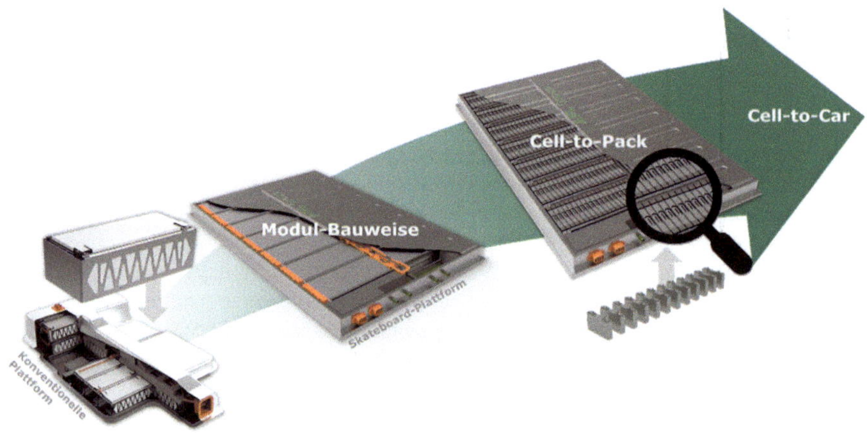

Abb. 1. Evolution der Batteriesystemkonzepte auf Basis unterschiedlicher Fahrzeugplattformen und mit unterschiedlichem Packaging

Mit dem Konzept Cell-to-Car, auch als Cell-to-Structure, Cell-to-Chassis und Cell-to-Vehicle bezeichnet, geht man noch einen Schritt weiter: Die Zellen sollen direkt in die Fahrzeugstruktur integriert werden. Dies zielt darauf ab, die volumetrische Energiedichte der Batterie auf ein Maximum zu erhöhen, ohne die Batterie weiter zu vergrößern. Es wird geschätzt, dass das neue Cell-to-Pack-Design eine 15 bis 20 prozentige Erhöhung der Energiedichte auf Systemebene bei Kosteneinsparungen von etwa 30 % erreichen kann, siehe Abb. 2

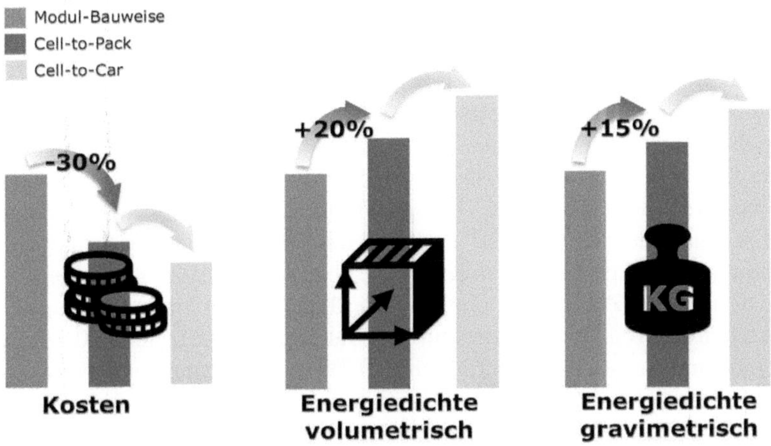

Abb. 2. Vorteile von Cell-to-Pack-/Cell-to-Car-Systemen

2 Cell-to-Pack und seine Implikationen

2.1 Entwicklungen am Markt und Strategie der OEMs

CATL stellten ihr Cell-to-Pack-Konzept 2019 auf der IAA vor. Ihr modulfreies System soll eine um 15 bis 20 % gesteigerte Volumennutzung haben, während die Anzahl der Bauteile im Pack um 40 % reduziert wird. Die Produktionseffizienz soll um 50 % gesteigert werden. Inzwischen hat das Unternehmen angekündigt, ein Cell-to-Chassis-Konzept zu verfolgen und den Markteintritt vor 2030 zu planen [4–6].

BYD hat eine spezielle großformatige Batteriezelle namens „Blade Battery“ (erstmals 2020 angekündigt) entwickelt, die sich besonders für Cell-to-Pack eignet. Die Zellen werden dichter gepackt und das Batterieformat kann individuell an das jeweilige Auto angepasst werden. Die Raumausnutzung kann nach Unternehmensangaben im Vergleich zu herkömmlichen Batteriepacks auf Basis der gleichen Zellchemie um über 50 % gesteigert werden. Die „Blade Battery“ von BYD besteht aus einer Lithium-Eisenphosphat-Zellchemie, die beim Thermal Runaway moderater reagiert als Zellchemien auf Nickelbasis (siehe Abschn. 2.2). Auf diese Weise soll sichergestellt werden, dass trotz größerer Zelle und hoher Packungsdichte im System kein Risiko entsteht [7, 8].

Auf dem „Volkswagen Power Day“ im Jahr 2021 nannte VW das Cell-to-Car-Konzept als Zukunftsvision des Konzerns. Als Meilenstein soll das Elektroauto Artemis 2024 mit Cell-to-Pack-Design auf den Markt kommen. Um die Kosten zu senken, setzt das Unternehmen auf ein universelles Batterieformat – die sogenannte „Einheitszelle“. Variationen soll es aber in der Zellchemie geben. Eisenphosphat (LFP) wird in kleinen Einstiegsmodellen zum Einsatz kommen, manganreiche Kathoden für das Volumensegment und Nickel-Mangan-Kobalt-Oxide (NMC) für spezifische Lösungen mit größeren Reichweiten. Auch High-Energy-Batterien mit Silizium in der Anode werden in Betracht gezogen. VW setzt künftig Silizium in den Zellen ein, um die Batterie schlanker zu machen und ihre Energiedichte zu erhöhen. Langfristig soll die Festkörperzelle Einzug ins Fahrzeug halten [9–11].

Bis heute ist Tesla dafür bekannt, das Material NCA in seinen zylindrischen Zellen zu verwenden. Künftig will Tesla je nach Anforderung der jeweiligen Fahrzeugklasse zwischen drei verschiedenen Zellchemien unterscheiden. Außerdem sollen die Zellen in den Packs dichter gepackt werden. Das Packaging der Module soll überarbeitet werden, für eine bessere Raumausnutzung. Dieser Ansatz ähnelt dem Cell-to-Pack-Konzept. Während seines „Battery Day 2020“ enthüllte das Unternehmen die Strategie, größere zylindrische 4680-Zellen zu verwenden, um die volumetrische Energiedichte zu erhöhen. Geplant ist, die 4680-Zelle in ein strukturelles Batteriepaket zu integrieren. Durch die Zusammenführung von Fahrzeugstruktur und Batteriegehäuse sollen 370 Teile weniger benötigt und eine Gewichtsreduzierung um 10 % bei Steigerung der Reichweite um 14 % erreicht werden [12–15].

Tesla gibt an, zukünftig Anodenmaterial aus metallurgischem Silizium einsetzen zu wollen. Silizium ermöglicht die Aufnahme von mehr Lithium-Ionen, sodass die volumetrische Energiedichte enorm zunimmt. Zudem kann die Batterie schlanker werden, da bei gleicher Kapazität der Zelle weniger Anodenmaterial eingesetzt werden muss. Problematisch ist jedoch die Volumenausdehnung des Siliziums beim Laden und Entladen um 200 bis 300 % (siehe Abschn. 3.2).

2.2 Herausforderungen bei Cell-to-Pack- und Cell-to-Car-Technologien

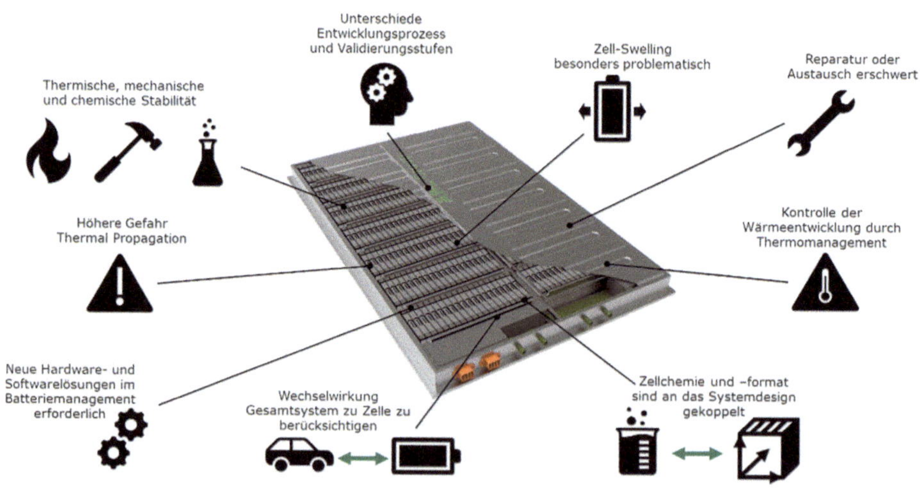

Abb. 3. Herausforderungen im Entwicklungsprozess von Cell-to-Pack-Systemen

Die Umstellung auf Cell-to-Pack- und Cell-to-Car-Systeme geht mit diversen Herausforderungen einher (Abb. 3.). Durch die dichtere Packung der Batteriezellen im System werden die Zellen einer höheren mechanischen und thermischen Belastung ausgesetzt. Bei heutigen Batteriesystemen im etablierten Moduldesign werden die Zellen durch die Gehäusestruktur der Module und der Packs vor äußeren Einflüssen geschützt. Die Wahl der Zellchemie und des Formats sind daher weitgehend unabhängig vom Systemdesign. Die Modulgehäuse bieten auch eine zusätzliche Barriere und somit Schutz im Falle eines Ausgasens der Zelle. Für zukünftige Cell-to-Pack-Systeme müssen Crashdesign, Thermomanagement und Sicherheitskonzepte überarbeitet werden. Die Zellen stehen in engem Kontakt miteinander. So kann ein Ausfall einer einzelnen Zelle schnell zum thermischen Durchgehen des gesamten Packs führen. Um die Sicherheit zu gewährleisten, muss nun die Zelle als einzelne Komponente sicherer werden. Dies kann über die Zellchemie, die Zellgröße und das Zellformat erreicht werden, wie im nächsten Kapitel dargelegt wird.

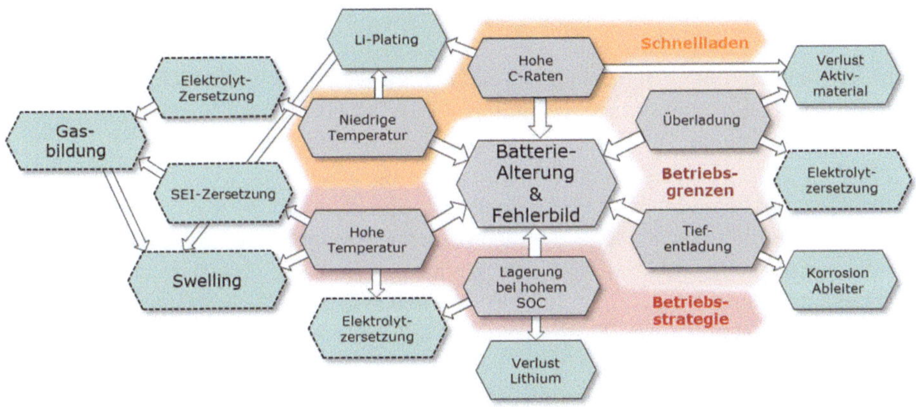

Abb. 4. Einflussfaktoren auf die Batteriealterung und deren Wechselwirkungen

Da Zellverhalten und Systemdesign nicht länger voneinander entkoppelt sind, müssen alle Faktoren, die die Zellleistung und -degradation beeinflussen (Abb. 4.), nun auf Systemebene untersucht werden. Gasbildung, Zell-Swelling, thermisches Verhalten und Alterungseffekte werden zu zentralen Herausforderungen. Das Verständnis der Zelle und ihrer Wechselwirkungen ist entscheidend für die Entwicklung und den sicheren Betrieb von Batteriesystemen.

2.3 Relevanz der Zellchemie und des Formats

Die Cell-to-Pack-Strategie der OEMs geht Hand in Hand mit der Wahl der Zellchemie. Im Allgemeinen ist die derzeit in Elektrofahrzeugen verwendete Batterietechnologie fast ausnahmslos die Lithium-Ionen-Technologie. Der Ladungstransfer basiert auf der Wanderung von Lithium-Ionen zwischen zwei Elektroden. Wesentliches Unterscheidungsmerkmal verschiedener Technologien innerhalb der Lithim-Ionen-Familie ist die Wahl der Elektrodenmaterialien, insbesondere der Kathode. Die heutzutage am weitesten verbreiteten Materialien im BEV-Bereich sind Nickel-Mangan-Kobalt-Oxid

(NMC), Nickel-Kobalt-Aluminium-Oxid (NCA) und Lithium-Eisen-Phosphat (LFP). Ihr jeweiliges Eigenschaftsprofil ist in den Netzdiagrammen in Abb. 5 dargestellt.

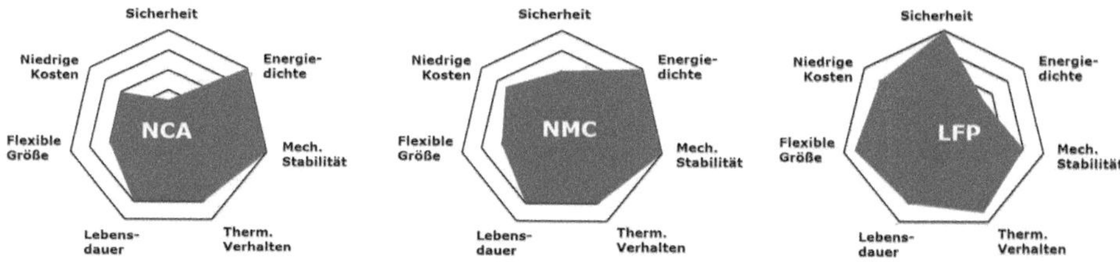

Abb. 5. Eigenschaftsprofile der Kathodenmaterialien von Lithium-Ionen-Batterien

In den letzten Jahren haben nickelreiche Kathodenmaterialien (NMC und NCA) zunehmend den Automobilmarkt dominiert. Grund dafür war das Streben nach immer höheren Energieinhalten und damit Fahrzeugreichweiten. Ein negativer Nebeneffekt ist jedoch, dass diese Zellen sehr reaktiv sind und leichter und heftiger in ein thermisches Durchgehen geraten. LFP hingegen hat eine deutlich geringere Energiedichte, überzeugt aber mit hoher Sicherheit und geringen Kosten. Im Kontext von Cell-to-Pack bedeutet das, dass dieses Material an Attraktivität gewinnt. Die vergleichsweise niedrige Energiedichte von LFP relativiert sich bei den neuen Cell-to-Pack-Systemen durch die Gewichtsreduktion und höhere Packungsdichte auf Systemebene. Dies erklärt die Strategie von OEMs wie BYD, VW und Tesla in Richtung LFP. Zu erwähnen ist auch, dass dieses Material ohne den umstrittenen Einsatz von Kobalt auskommt.

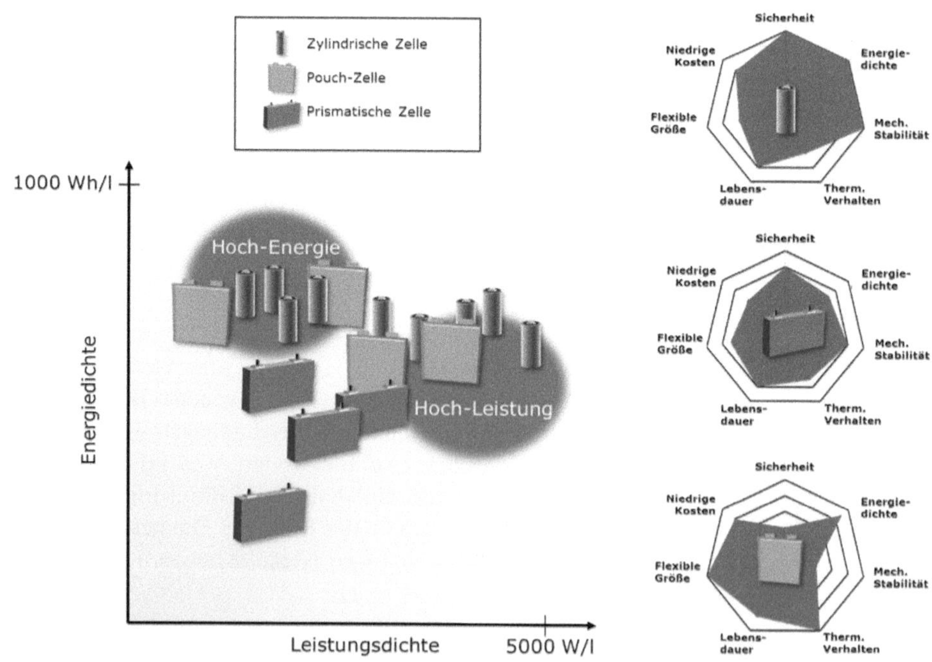

Abb. 6. Gegenüberstellung der Eigenschaften der verschiedenen Zellformate

Das Zellformat ist ein weiterer Einflussfaktor für Batteriesicherheit und Energiedichte. Wie sich die drei etablierten Formate (zylindrisch, prismatisch, Pouch) in ihren Eigenschaften verhalten, ist in Abb. 6. zu sehen. Zellen mit Hardcase-Gehäuse (zylindrisch und prismatisch) sind sicherer als Pouch-Zellen, die nur eine Folienhülle besitzen. Darüber hinaus verfügen zylindrische und prismatische Zellen in der Regel über Sicherheitsfunktionen wie CID (Current Interrupt Device), PTC (Positive Temperature Coefficient) und Sicherheitsventile, um eine kontrollierte Entlüftung zu ermöglichen. Zylindrische Zellen, wie sie von Tesla verwendet werden, sind normalerweise viel kleiner im Maßstab und damit im absoluten Energiegehalt. Dies gibt zusätzliche Sicherheit und erklärt, wie Tesla eine hochreaktive Zellchemie wie NCA sicher verwenden kann. Während in der Vergangenheit die Pouch-Zelle aufgrund ihrer Vorteile Marktanteile gewann, wie in der Grafik zu sehen ist, erhöht Cell-to-Pack nun die Nachfrage nach prismatischen Zellen. Auch hier ist die Energiedichte auf Zellebene nicht mehr ganz so wichtig, aber das Sicherheitsbedürfnis steigt. Es muss erwähnt werden, dass alle Zellformate und Chemien verwendet werden und wahrscheinlich in Zukunft verwendet werden. Sie erfordern lediglich eine adäquate Konstellation der drei Säulen Chemie, Format und Systemdesign, um ein sicheres und performantes Gesamtergebnis zu liefern. Diese Grundkonstellation muss frühzeitig im Entwicklungsprozess festgelegt werden. Cell-to-Pack-Designs sind sehr eng an das Zellformat gebunden, auch aus struktureller Sicht. Dies macht eine spätere Änderung des Zellformats äußerst schwierig. Sind die Grundkomponenten festgelegt, beginnt der eigentliche Entwicklungsprozess. Mit neuen Test- und Simulationsmethoden bietet APL tiefere Einblicke in die Eigenschaften von Zellen und ihre Wechselwirkungen mit dem System, um alle notwendigen Kenntnisse für die Cell-to-Pack-Entwicklung zu erlangen. Diese Tools werden in Kap. 3 genauer vorgestellt.

3 Tools in der Batterieentwicklung

3.1 Gasanalyse

In allen Lebenszyklen einer Lithium-Ionen-Batterie entstehen Gase im Zellinneren. Bereits bei der Herstellung der Batteriezelle und der erstmaligen Inbetriebnahme (der sogenannten Formierung) reichern sich erhebliche Mengen an Gas an. Im Herstellungsprozess werden diese entfernt, bevor die Zelle endgültig versiegelt und in Betrieb genommen wird. Da die Gase die Nebenprodukte von in der Zelle ablaufenden chemischen Reaktionen sind, kann anhand einer Gasanalyse abgeschätzt werden, welche Reaktionen dominant waren. Anhand dessen lässt sich die Qualität der Formierung beurteilen, Aussagen über die Zellalterung treffen oder Risikoabschätzungen im Falle einer Ausgasung durchführen. APL verfolgt die Gasanalyse an Batterien als integralen Bestandteil der Analysekette in der Batterieentwicklung. Abb. 7. zeigt das Ergebnis einer Alterungsgasanalyse, die zuvor im APL-Zelltestfeld einem Alterungstest unterzogen wurde.

Über die Lebensdauer einer Batteriezelle gewinnt die Gasthematik zunehmend an Bedeutung. Alterungsgase sammeln sich mit der Zeit an und erhöhen den Druck in der Zelle. Dies ist gefährlich, da es zum Bersten der Zelle führen kann. Im Extremfall eines Thermal Runaway bestimmt nicht nur die Menge, sondern auch die Zusammensetzung

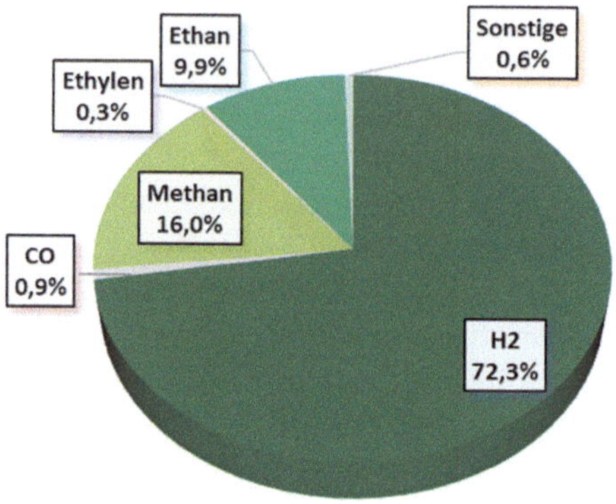

Abb. 7. Zusammensetzung der Alterungsgase einer NMC-Pouch-Zelle

des Gases das Gefährdungspotential. Das Gas in einer Zelle besteht aus verschiedenen Komponenten. Die Prozentsätze können sehr unterschiedlich zusammengesetzt sein; Die Analyse an der Zelle in Abb. 7. zeigt mit >70% eine enorme Menge an H2, was für nickelreiche Zellchemien durchaus üblich ist. Ein hoher H_2-Gehalt birgt ein hohes Gefährdungspotential, da sich explosionsfähige Gemische bilden können; Dies gilt umso mehr für Cell-to-Pack-Systeme, bei denen Gase, sobald sie die Zelle verlassen, frei im System strömen und sich ansammeln können. Nickelreiche Zellen, wie sie heute in elektrischen Fahrzeugen weit verbreitet sind, könnten daher in Zukunft an Attraktivität verlieren Unkontrolliert öffnende Pouch-Zellen sind für Cell-to-Pack weniger geeignet als prismatische und zylindrische Zellen mit definierter Entlüftungsstelle. Wieder wird deutlich, wie wichtig es ist, die Zellchemie auf das Systemdesign abzustimmen.

3.2 Mechanische und Swelling-Analyse

Eine Ansammlung von Gasen in der Zelle führt zwangsläufig zu einer Erhöhung des Zellinnendrucks und zu einer Volumenausdehnung der Zelle. Je nach Zellformat sind die beiden Effekte unterschiedlich ausgeprägt. Hardcase-Formate wie zylindrische und prismatische Zellen zeigen einen starken Druckanstieg, Pouch-Zellen eine starke Ausdehnung in Korrelation zu ihrer mechanischen Integrität (Abb. 4). Mechanische Veränderungen an der Zelle sind jedoch nicht ausschließlich auf internes Gas zurückzuführen. Die aktiven Materialien im Inneren der Zelle erfahren strukturelle Veränderungen aufgrund der chemischen Reaktionen, die durch die elektrischen Prozesse verursacht werden. Daher sehen wir eine Zunahme der Zelldicke beim Laden und eine Abnahme beim Entladen, wie in Abb. 8 dargestellt. Diesem zyklischen, reversiblen Effekt ist eine irreversible Volumenausdehnung des Materials überlagert, die sich mit zunehmender Zellebensdauer verstärkt. Mechanische Veränderungen der Zellen stellen in Cell-to-Pack-Konstellationen eine besondere Herausforderung dar, da sie innerhalb des Systems nicht mehr durch das Modulgehäuse aufgefangen werden. Der Ausdehnungsgrad einer Zelle steht in direktem Zusammenhang mit den verwendeten Aktivmaterialien. Um diesem Problem vorzubeugen, können gezielt Zellchemietypen mit vernachlässigbar geringer Volumenausdehnung ausgewählt werden. Gleichzeitig weist die Strategie mehrerer

OEM auf den Einsatz von immer mehr Silizium in der Anode (siehe Abschn. 2.1) hin, ein extremer Treiber der Energiedichte sowie der Volumenausdehnung, was die Swelling-Analyse in Zukunft noch relevanter machen wird. Mit den APL-Swelling-Messungen können die verwendeten Materialien detailliert bewertet werden. Wie in Abb. 8 gezeigt, kann genau unterschieden werden, wie sich eine bestimmte Zelle entlang ihrer SOC-Zustände ausdehnt und zusammenzieht. Diese Information ist entscheidend, um in einem Cell-to-Pack-Design auf Swelling zu reagieren, und sicherzustellen, dass die Anpressdrücke optimal eingestellt sind und eine reversible Expansion über Kompressionsschichten ermöglicht wird. APL verwendet 3D-Lasermessmethoden und Druckkartierung in Verbindung mit Zellalterungsstudien, um ein vollständiges Bild zu erhalten.

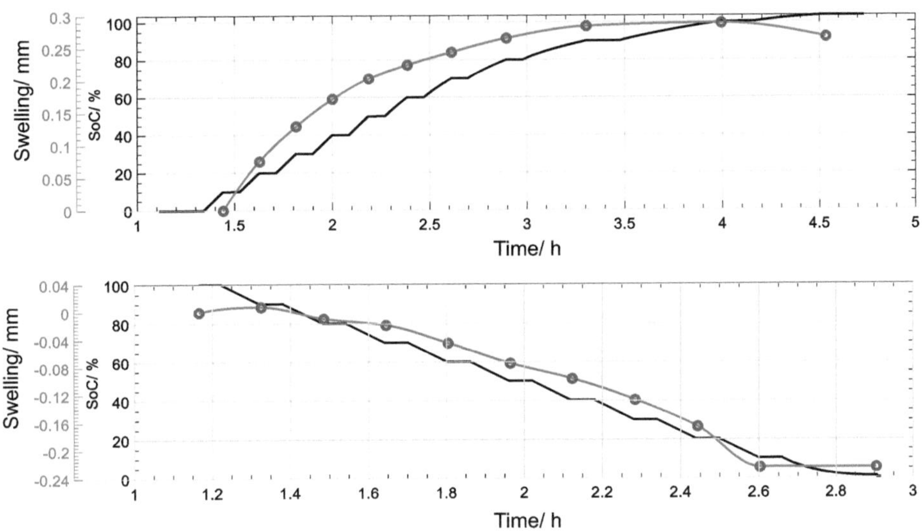

Abb. 8. Reversibles Zell-Swelling und zugehöriger SOC beim Laden und Entladen

3.3 Thermische Analyse

Die Ursachen für die Zellausdehnung sind vielfältig. Auf Ausdehnungen durch Gasansammlungen und Veränderungen der Aktivmaterialien wurde bereits eingegangen. Aber auch thermische Ausdehnungseffekte spielen eine Rolle. Das Thermomanagement der Batteriezellen ist eine Kernaufgabe in modernen Batteriesystemen. Die Zelltemperatur beeinflusst die elektrische Leistung sowie alle oben beschriebenen Prozesse wie Gasbildung und Swelling. Gemäß dem Gesetz von Arrhenius ist die Temperatur ein zentraler Einflussfaktor auf die Zellalterung und darüber hinaus auf die Sicherheit. Daher werden thermische Einflüsse in der APL-Analysekette berücksichtigt.

Wenn Zellen bei unterschiedlichen Temperaturen altern, erwartet man typischerweise eine beschleunigte Degradation mit steigender Temperatur. Es gibt aber auch

Belastungsszenarien, bei denen das Gegenteil gilt: Schnelle Alterung bei kalten Temperaturen. Genaueres dazu im Abschnitt zum Thema Schnellladeanalyse. Für ein grundlegendes Verständnis dieser Phänomene ist zu bedenken: Die Zelle ist ein physikalisch-chemisches System. Im Inneren finden verschiedene chemische Reaktionen und physikalische Prozesse statt. Und diese Prozesse haben jeweils individuelle Temperaturabhängigkeiten. Für die Zelle bedeutet eine vorübergehend hohe Temperatur eine bessere Leistung. Gleichzeitig hat jede Li-Ionen-Zelle eine thermische Grenze, in der die Zelle für einen sicheren Betrieb spezifiziert ist. Das Überschreiten der maximalen Temperatur einer Zelle kann an bestimmten lokalen Stellen unerwartet schnell passieren. Aufgrund der inneren Zellschichten und der elektrischen Kontaktform tritt eine inhomogene Erwärmung auf und führt zu thermischen Hot Spots. Darüber hinaus ist die Zelltemperatur proportional zu elektrischen Eigenschaften wie innerem Zellwiderstand und Strom sowie zu Phänomenen wie Zellinnendruck und Swelling. Daher müssen thermische Bewertungen während des Designprozesses einer Batteriezelle konsequent in jeden Testfall integriert werden. Die thermische Beherrschung vieler dicht gepackter Zellen ist eine große Herausforderung bei Cell-to-Pack-Systemen.

3.4 Schnellladeanalyse

Von der thermischen Analyse kommend bewegen wir uns nun in der APL-Analysekette weiter zum Thema Batterieschnellladung. Schnellladen ist das Paradebeispiel für ein Nutzungsszenario, das höchste Anforderungen an das Thermomanagement stellt. Während des Ladevorgangs erwärmt sich der Akku erheblich. Die freigesetzte Wärmeleistung steigt mit dem angelegten Strom quadratisch an. Aber nicht nur die steigende Temperatur der Zelle ist ein limitierender Faktor beim Schnellladen. Ansonsten wäre eine Schnellladung am besten an einer möglichst kalten Batterie durchzuführen. Im Gegenteil: Schnelles Laden bei extrem niedriger Temperatur in Kombination mit größeren Zellformaten kann lokal zu einem Abfall des Anodenpotentials unter das Potentialniveau von Lithium führen, so dass Plating und Dendritenwachstum auftreten. Bei APL werden Schnellladeprotokolle entwickelt, indem an speziell gefertigten Laborzellen das Anodenpotential gemessen und gesteuert wird. Anschließend erfolgt das Skale-up der Betriebsstrategie auf das Batteriepack. Da die Verschiebung hin zum Cell-to-Pack-Design zu einer Verschiebung der Zelleigenschaften führt (geringere Energiedichte auf Zellebene), gewinnt das schnelle Laden der Zelle an Bedeutung.

3.5 Alterungsanalyse

Abb. 10 zeigt eine zyklische Alterungsmessung an einer Lithium-Ionen-Pouch-Zelle. Die NMC-Zelle wurde im charakteristischen Spannungsbereich zwischen 2,7 und 4,2 V bei −10 °C zyklisiert. Die verfügbare Ladungsmenge Q zeigt bereits bei weniger als 100 Zyklen einen raschen Abfall. Normale Lebenserwartungen für Zellen im Automobilbereich liegen zum Vergleich bei tausend bis mehreren tausend Zyklen. Damit bestätigt sich die Aussage aus dem vorigen Abschnitt zum Schnellladen, bei dem hohe Ströme in kalter Umgebung die Zelle extrem schädigen. Die Lithiumbeschichtung führt zwangsläufig zu einem sehr schnellen Kapazitätsverlust. Da es sehr leicht als metallische Ablagerung auf

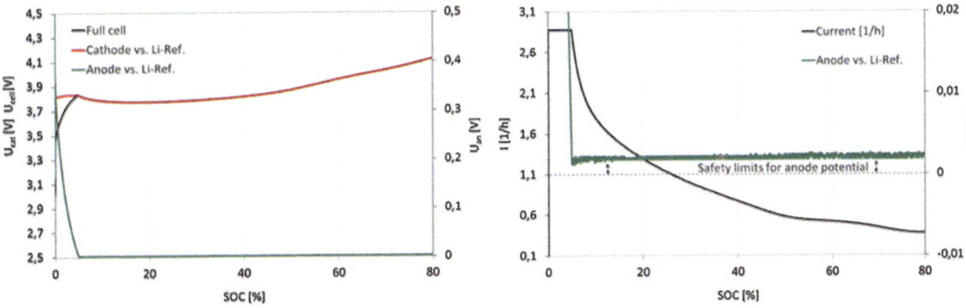

Abb. 9. Analyse der Schnellladefähigkeit einer Zelle mithilfe von 3-Elektroden-Messungen

der Anode nachweisbar ist, kann das Lithium-Plating später durch eine Post-Mortem-Analyse im APL-Labor bestätigt werden. In der Glovebox werden die Zellen geöffnet und die Materialien untersucht. Ist eine nicht-invasive Analyse erforderlich, kommt auch hier wieder die APL-Swelling-Analyse ins Spiel. Die metallische Abscheidung bedeutet eine lokale Dickenzunahme der Zelle, die mit dem hochpräzisen APL-Laserverfahren von außen detektiert werden kann.

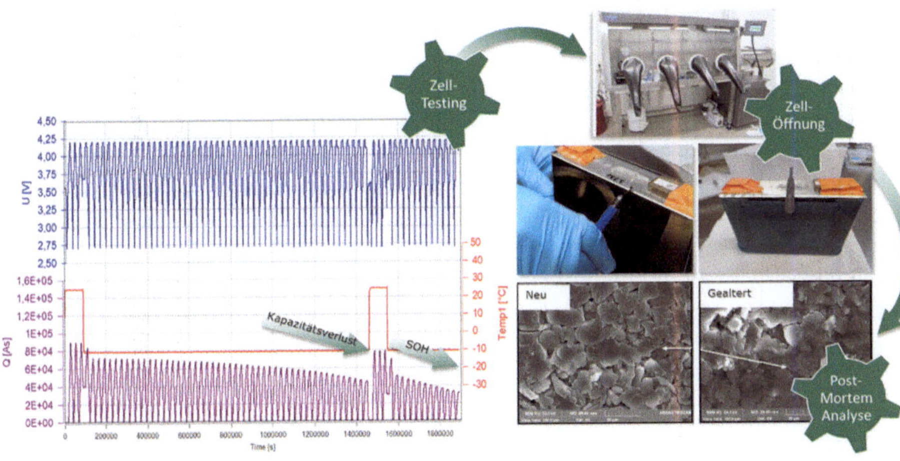

Abb. 10. Alterungsanalyse einer lithium-Ionen-Zelle bei der APL Group

Da die Lithium-Plating bei weitem nicht der einzige Alterungsmechanismus ist, schaffen Zellöffnungen weitere Klarheit und zeigen diverse andere Veränderungen, wie etwa Veränderungen in der Morphologie des Aktivmaterials, siehe Abb. 10. Die REM-EDX-Aufnahmen des Aktivmaterials zeigen, dass sich die poröse Partikelstruktur der Elektrode sichtbar verändert hat. Es treten Unregelmäßigkeiten auf, die aktive Oberfläche hat abgenommen, was sich negativ auf die Interkalation und damit auf die elektrische Leistung der Batterie auswirkt.

Unterschiedliche Alterungseffekte bedeuten unterschiedliche chemische Nebenreaktionen, deren Produkte oft Gase sind. Dies erklärt, warum die zuvor beschriebene

Gasanalyse ein so wertvolles Instrument für die eingehende Beurteilung der Zellalterung bei APL ist.

Bei der Alterungsprüfung wird die Zelle in regelmäßigen Abständen einem Charakterisierungscheck unterzogen, der bei 25 °C durchgeführt wird. Die scheinbare Kapazitätserholung der Zelle ist in Abb. 10 deutlich zu erkennen, ist aber nicht auf eine echte Erholung zurückzuführen, sondern auf die generell vorhandenen Leistungsunterschiede der Zellen bei unterschiedlichen Temperaturen wie im Abschnitt zur thermische Analyse erläutert.

4 Fazit

Das neue Cell-to-Pack-Design der Batterie bringt die Wechselwirkungen zwischen dem thermischen, mechanischen und elektrischen Verhalten der Li-Ionen-Batteriezelle und den anderen Systemkomponenten ans Licht. Diese müssen früh im Entwicklungsprozess des Batteriesystems als auch der Zelle selbst berücksichtigt werden. Der Schritt zum Cell-to-Car-Design bedeutet zusätzlich die Verschmelzung von Batteriesystem mit Karosserie und den damit zusammenhängenden Entwicklungsaufgaben hinsichtlich Strukturstabilität und Crashsicherheit.

Um den unterschiedlichen Anforderungen für den neuen Trend in der Batterieentwicklung gerecht zu werden, koppelt APL traditionelle Batterietests eng mit neuen Ansätzen in der Zellprüfung und -analyse. Die Methodenkette umfasst Zellöffnungen und Analysen mit neuen nicht-invasiven Lasermessverfahren und Online-Gasanalysen, immer unter Berücksichtigung von thermischen und Alterungseffekten. Lithium-Plating und andere Degradationseffekte werden detektiert, Gasmenge und -zusammensetzung bestimmt und mit den Einflussgrößen wie Stackdruck, Stromprofil und Temperatur in Beziehung gesetzt. Basierend auf diesen Erkenntnissen werden Anpassungen am Packungsdesign vorgenommen und Betriebsstrategien überarbeitet. Diese seltene Konstellation der Top-down-Übertragung von Anforderungen auf Verpackungsebene bis hin zur Materialanalyse ist für die Weiterentwicklung der Technologie unerlässlich.

Literatur

1. Lensch-Franzen, C., Gohl, M., Kronstedt, M., Schmalz, M.: Cross-scale battery system simulation. In: ATZelektronics Worldwide pp. 24–31 (12/2019)
2. Lensch-Franzen, C.: Simulations- und testumgebungen nehmen eine schlüsselrolle ein. In: MTZextra, MTZExtra Prüfstände pp. 8–10 (2019)
3. Lensch-Franzen, C., Gohl, M., Schmalz, M., Doguer, T.: From cell to battery system – different cell formats and their system integration. In: MTZ pp. 70–74 (11/2020)
4. catl.com/en/research/technology/ (10/2021)
5. electrive.net/2020/08/14/catl-will-batteriepacks-bis-2030-ueberfluessig-machen/ (10/2021)
6. electrive.net/2019/09/12/iaa-catl-zeigt-neue-produktplattform/ (10/2021)
7. en.byd.com/news/byds-new-blade-battery-set-to-redefine-ev-safety-standards/ (10/2021)
8. medium.com/batterybits/the-next-generation-battery-pack-design-from-the-byd-blade-cell-to-module-free-battery-pack-2b507d4746d1 (10/2021)
9. volkswagen-newsroom.com/de/pressemitteilungen/power-day-volkswagen-praesentiert-technology-roadmap-fuer-batterie-und-laden-bis-2030–6891 (10/2021)

10. heise.de/hintergrund/Volkswagen-Power-Day-Investitionen-in-noch-mehr-Batteriezellen-5988261.html (10/2021)
11. electrive.com/2021/03/15/power-day-volkswagen-plans-standard-battery-cell-new-battery-plants-fast-charging-points-and-bidirectional-charging/ (10/2021)
12. cleantechnica.com/2020/10/10/teslas-new-structural-battery-pack-its-not-cell-to-pack-its-cell-to-body/ (10/2021)
13. Tesla Battery Day 2020, youtube.com/watch?app=desktop&v=l6T9xIeZTds (10/2021)
14. electrek.co/2021/01/19/tesla-structural-battery-pack-first-picture/ (10/2021)
15. electrek.co/2020/09/23/tesla-battery-puzzle-innovation/ (10/2021)

Simulation und Validierung verschiedener Batteriezellen für Batterie- und Plug-in-Hybrid-Elektrofahrzeuge

Stanislaw Rybak[1(✉)] und Andreas Viehmann[2]

[1] EDAG Engineering GmbH, Sindelfingen Kolumbusstraße 29, 71063, Deutschland
stanislaw.rybak@edag.com
[2] EDAG Engineering GmbH, Fulda Reesbergstraße 1, 36039, Deutschland
andreas.viehmann@edag.com

Zusammenfassung. Aus Sicht der Kunden sind eine hohe Sicherheit, eine hohe Kapazität und eine schnelle Lademöglichkeit wesentliche Anforderungen an ein Elektrofahrzeug. Aus technischer Sicht ergeben sich daraus sehr anspruchsvolle Anforderungen an das Batteriesystem. Die Schlüsseleigenschaften in Bezug auf Sicherheit und Laden werden stark von der mechanischen Struktur (z. B. Crashsicherheit) und dem thermischen System (z. B. Ladeleistung) der Batterie beeinflusst. Da es verschiedene Ansätze für Zellformate und -größen sowie für die strukturelle oder funktionale Integration gibt, besteht in der Entwicklungsphase ein Bedarf an präzisen Simulationsmodellen.

Neben verschiedenen Kundenprojekten unterstreicht EDAG seine Kompetenz in Innovationsprojekten zu Energiespeichersystemen. Im Rahmen eines solchen Projekts wurde die skalierbare Batterie SCALEbat entwickelt, die Automobilherstellern und Startup-Unternehmen hilft, die Zeit bis zur Markteinführung von flexiblen Elektrofahrzeugplattformen zu verkürzen. Parallel dazu wurde das hybride Energiespeicherkonzept H2HyBat als neuartiger Ansatz entwickelt, um sowohl Wasserstofftanks als auch Batteriezellen in den Bauraum einer Elektrofahrzeugplattform zu integrieren.

In diesem Beitrag werden ausgewählte Anwendungen von Simulationen des Batterie- und Zellverhaltens für die beiden genannten Batteriesysteme beschrieben. Die Kenntnis über das Zellverhalten in einem Crashlastfall ist unerlässlich für die Entwicklung eines verlässlichen und sicheren Batteriesystems. Aus diesem Grund hat EDAG ein Zellmakromodell entwickelt, das in Modul-, Batterie- und Gesamtfahrzeugsimulationen eingesetzt werden kann.

Das Batteriemodell für die Crashsimulation beschreibt das mechanische und elektrische Verhalten der Zelle während einer Crashsituation. Das Modell wurde durch eine Reihe von mechanischen Versuchen validiert, damit die mechanischen Eigenschaften und die jeweiligen Kurzschlusszeitpunkte übereinstimmen. Die Bestimmung des Kurzschlusses erlaubt eine bessere Abschätzung der Kurzschlussgefahr der Zelle, wodurch eine weniger konservative Auslegung der Batterie- und Crashstruktur ermöglicht wird.

Durch den Einsatz der EDAG-Batteriesimulation kann die Leistung in Bezug auf Reichweite und die Crashsicherheit deutlich optimiert werden.

A. Heintzel (Hrsg.): EFPWRT 2022, Proceedings, S. 90–103, 2023.
https://doi.org/10.1007/978-3-658-42553-1_8

Schlüsselwörter: EDAG · Batterie Simulation · Batterie Testing

1 Einführung

Im Zuge der Elektrifizierung haben eine Vielzahl an OEMs in der ersten Generation der batterieelektrischen Fahrzeuge (BEV) den Ansatz verfolgt, bestehende – und somit auf verbrennungsmotorische Antriebe ausgelegte – Fahrzeugplattformen zu adaptieren und die Komponenten des elektrischen Antriebs- und Speichersystems in „freigewordene“ Bauräume zu integrieren. Somit wurden bspw. Batteriesysteme im Mitteltunnel – der nicht mehr durch Getriebe und/oder Abgassystem belegt wird – und nahe der Hinterachse integriert. Der Vorteil dieses Ansatzes besteht darin, dass bestehende Plattformen genutzt werden können und so durch Synergien mit konventionellen Antriebssystemen sowie hohen Stückzahlen Kosten reduziert werden können.

Aufgrund der ansteigenden Nachfrage an BEVs und damit höheren Stückzahlen wird zunehmend der Ansatz verfolgt, Plattformen speziell für BEVs zu entwickeln und in Serie einzuführen. Diese sind u. a. dadurch gekennzeichnet, dass der Energiespeicher flach zwischen den Achsen im Unterbodenbereich integriert wird (siehe **Abb. 1**). Das erlaubt weniger komplexe Formen und Integrationsansätze, sodass die Potentiale und neue Gestaltungsfreiräume ausgeschöpft werden können.

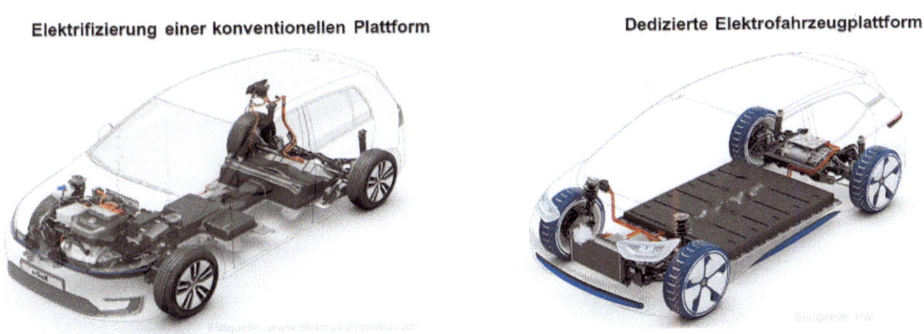

Abb. 1. Fahrzeugplattformen für BEV

Die neuartigen Fahrzeugplattformen erfordern dabei neue Crashkonzepte zum Schutz der Insassen und der HV-Batterie. Durch die flächige Integration der Batterie im Unterbodenbereich und Ausdehnung bis zum Seitenschweller stellt insbesondere der Seitenaufprall eine Herausforderung dar. Übergeordnetes Ziel ist es dabei meist, ohne Abstriche an die Sicherheit die Batteriekapazität zu maximieren.

Die Entwicklung und Integration von Batteriesystemen erfordert ein gesamtheitliches Know-how von der Batteriezelle bis zum Gesamtfahrzeug. Die EDAG Group als ganzheitlicher, unabhängiger Engineering-Dienstleister bietet hier mit einem 360° Fahrzeug- und Produktionsengineering die komplette Bandbreite: vom Konzept über die Serienlösung hin zur Produktion.

Neben einer Vielzahl von Kundenprojekten unterstreicht die EDAG Group seine Kompetenz in Innovationsprojekten zu Energiespeichersystemen. In diesem Kontext sind die Energiespeicherlösungen „SCALEbat" für BEV und „H2HyBat" für FCEV entstanden.

2 Elektrische und hybride Energiespeichersysteme

Ausgehend von der von EDAG entwickelten SCALEbase-Fahrzeugplattform wurde das Batteriegehäusekonzept „SCALEbat" konzipiert.

2.1 SCALEbat

Die SCALEbat ist ein modulares und skalierbares Batteriegehäuse, dass die Integration von verschiedenen Modulen bzw. Zellen – unabhängig davon ob prismatisch, zylindrisch oder Pouch – erlaubt (siehe **Abb. 2**). Die Rahmenstruktur der SCALEbat ist in Stahl-Profilbauweise ausgeführt [1]. Der Fokus lag dabei auf einer Bauweise, die insbesondere für große Stückzahlen (bis zu > 300.000 Einheiten pro Jahr) erhebliche Kostenvorteile gegenüber konventionellen Alu-Gehäusen aufweist. Die Crashstrukturen des Gehäuses wurden dabei in der Konzeptphase 2019 derart ausgelegt, dass eine Intrusion in die Module bzw. Zellen komplett unterbunden wird. Zusätzlich zur Rahmenstruktur verfügt die SCALEbat in der Basisausführung daher auch Querträger innerhalb des Batteriekastens, die insbesondere in den Euro-NCAP-Seitenpfahltests ein hohes Sicherheitslevel ohne Intrusion in die Module bzw. Zellen sicherstellen.

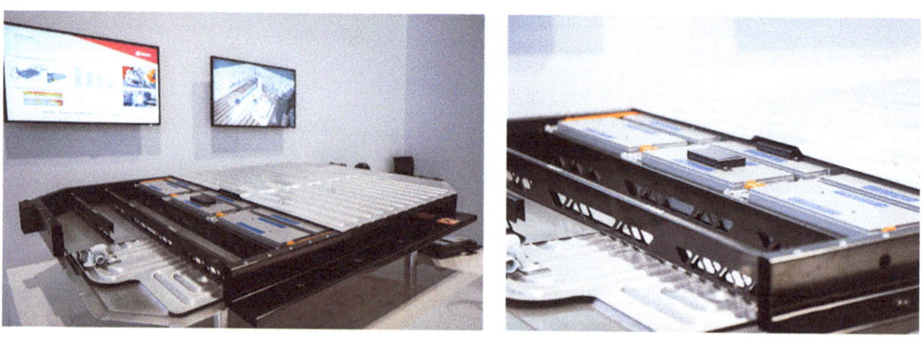

Abb. 2. Modulares und skalierbares SCALEbat-Batteriegehäuse in der Basisausführung

In der Basisausführung der SCALEbat wurden bis zu 36 Module mit jeweils zwölf prismatischen Zellen integriert, sodass – in Abhängigkeit von der Fahrzeuggröße – eine Skalierung der Batteriekapazität von 57 bis 114 kWh ermöglicht wird.

Die SCALEbat dient seit der Einführung als Basis für Entwicklungsprojekte – bspw. für New-OEM – sowie für die interne Weiterentwicklung von Methoden, Modellen und Prozessen.

Darüber hinaus dient die Idee des skalierbaren Batteriegehäuses als Basis für die Entwicklung eines hybriden Speicherkonzepts für Brennstoffzellen-Plug-in-Hybridfahrzeuge.

2.2 H2HyBat

Aktuelle Brennstoffzellenfahrzeuge basieren typischerweise auf bestehenden Fahrzeugplattformen, die sich an konventionellen Plattformen orientieren. Durch die fortschreitende Elektrifizierung von Fahrzeugflotten und dedizierte BEV-Plattformen, ergeben sich Herausforderungen in der Tankintegration. Diese werden bisher typischerweise in Bauräumen integriert (bspw. Mitteltunnel und Nahe der Hinterachse), die in elektrischen Fahrzeugplattformen derart nicht mehr vorhanden sind.

Das hybride Energiespeicherkonzept H2HyBat greift diese Herausforderung auf und bietet einen Lösungsansatz, wie Wasserstoff-Tanks auch in typische Batteriebauräume von BEV-Plattformen integriert werden können. Der Ansatz ist dadurch gekennzeichnet, dass bis zu zehn Wasserstofftanks mit kleinem Durchmesser quer im Fahrzeugunterboden integriert werden (siehe **Abb. 3**). Die Wasserstoff-Tankmodule und die Batteriemodule weisen dabei die gleichen Abmessungen auf und können so modular fahrzeug-, nutzer- oder fahrprofilgerecht zusammengestellt bzw. konfiguriert werden. Das Crashkonzept des Hybridspeichers und der Rahmenstruktur ist dabei derart ausgelegt, dass die Wasserstofftanks auch im Seitenpfahlaufprall nach EURO-NCAP-Anforderungen keinen Schaden nehmen. Für höhere Crashgeschwindigkeiten oberhalb der NCAP-Anforderungen wurde zudem ein Sicherheitskonzept implementiert, indem die Tanks aus dem Lastpfad geschoben werden. [2]

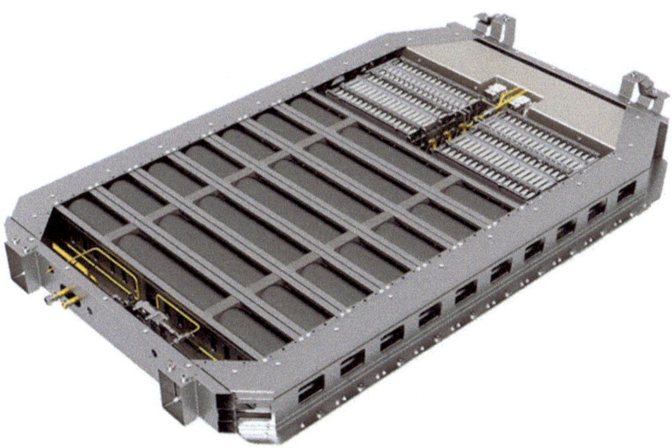

Abb. 3. H2HyBat-Speicherintegration mit acht Wasserstofftanks und zwei Batteriemodulen

Das Sicherheitskonzept und die Crashstruktur orientiert sich dadurch im Wesentlichen an den Anforderungen zum Schutz der 700-bar-Drucktanks. Um die Kapazität des Batteriemoduls im gleichen Bauraum wie dem der Wasserstofftanks zu maximieren, werden 21700-Rundzellen liegend im Modul integriert.

3 Zellmakromodell für den Einsatz in Crashsimulationen

Der Ansatz der „Null Intrusion“ bei der Auslegung der Traktionsbatterie bei BEVs und FCEVs führt dazu, dass vorhandene Potentiale hinsichtlich des Gewichts und der Energiedichte der Batterie nicht vollständig ausgeschöpft werden, wodurch die Reichweite nicht maximiert werden kann.

In den folgenden Abschnitten werden Methoden aufgezeigt, diese Potentiale zu heben und somit die Kapazität und damit die elektrische Reichweite zu erhöhen.

3.1 Aufbau des Zellmakromodells

Für die Simulation der Batteriezellen wird der Solver LS-Dyna der Firma LSTC verwendet. Hierbei findet gleichzeitig eine mechanische und eine elektrische Simulation statt. Die elektrische Simulation der Zelle erfolgt über ein Ersatzschaltbild, siehe **Abb. 4**.

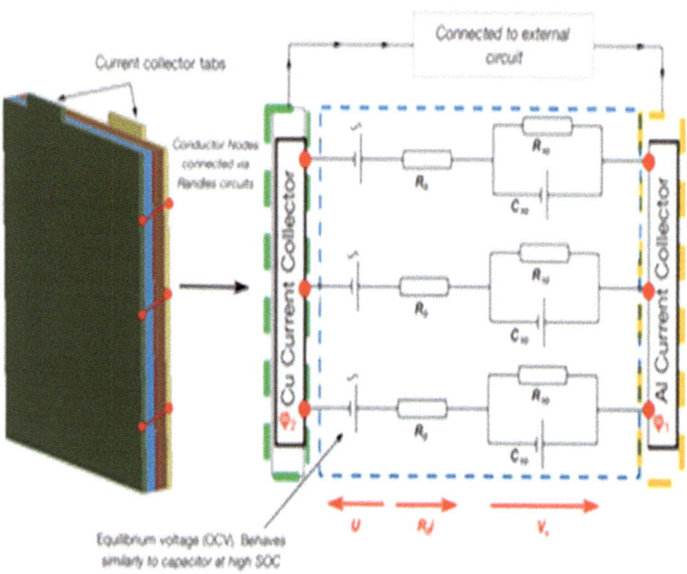

Abb. 4. Ersatzschaltbild für die Simulation der Batteriezellen [3]

Die mechanischen Eigenschaften der Zelle werden durch die jeweiligen Materialien bestimmt. Für die Validierung dieser Eigenschaften wurden zerstörende Versuche an zylindrischen Zellen und Pouch-Zellen durchgeführt. Eine Übersicht zu den durchgeführten Tests ist in **Abb. 5** und **Abb. 6** dargestellt.

Die Zellen wurden dabei vorkonditioniert und auf einen SOC von 90 % geladen. Für die Pouch-Zellen wurden die LITACELL „LC-44“ verwendet und als zylindrische Zellen kamen die Samsung „INR21700-50E“ zum Einsatz. Weiterhin erfolgte zur genauen

Abb. 5. Pouch-Zelle: Versuchsaufbau

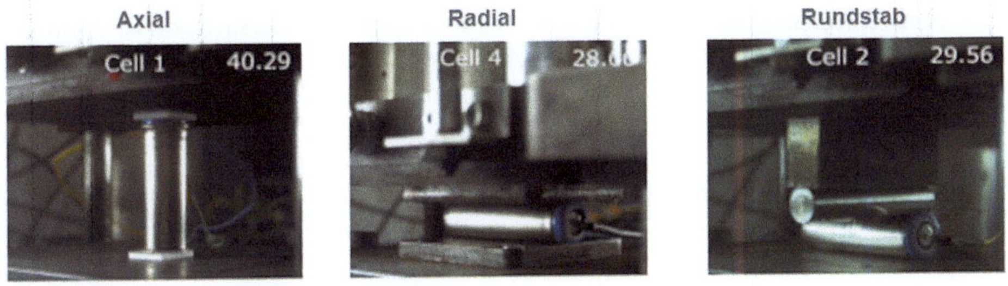

Abb. 6. Zylindrische Zelle: Versuchsaufbau

Kurzschlussbestimmung die parallele Aufzeichnung des Kraft-Weg-Verlaufs sowie der elektrischen Zellspannung.

Pouch-Zelle
Sowohl im 3-Punkt-Biegeversuch wie auch im Kompressionstest konnte bei dieser Pouch-Zelle kein Kurzschluss detektiert werden. Im Biegeversuch wurde hierbei die max. vorhandene Durchbiegung erreicht und im Kompressionstest wurde die Maschine bei einer Kraft von 150 kN abgeschaltet. Somit konnte nur im Kugelversuch ein Kurzschluss festgestellt werden.

Anschließend wurde dieses Verhalten in Einzelsimulationen der Zelle validiert. Eine Gegenüberstellung zwischen den Versuchsergebnissen und der Simulation ist in **Abb. 7** dargestellt. Dabei kann der Verlauf der Kraft-Weg-Kurve aus den Versuchen gut nachempfunden werden. Der Kurvenverlauf der Simulation befindet sich überwiegend zwischen den einzelnen Versuchskurven und die Abweichung am Ende des Versuchs beträgt lediglich 30 N. Die Kraftspitzen zu Beginn der Simulation können auf den Kontakt zwischen der eher weichen Batterie und dem Rigid Stempel zurückgeführt werden. Der Ausschlag tritt bis zu einer Intrusion von rund 2 mm auf. Anschließend werden die Kraftschwingungen deutlich geringer. Bei dem Einsatz des Pouch-Zellen-Modells in einer Modul- oder Traktionsbatteriesimulation konnte kein negativer Einfluss auf den Kraftverlauf festgestellt werden.

In **Abb. 8** (links) sind zwei Versuchskurven für den Kugeldrucktest dargestellt. Der erste Versuch wurde in einem niedrigen Kraftbereich durchgeführt, dabei konnte kein

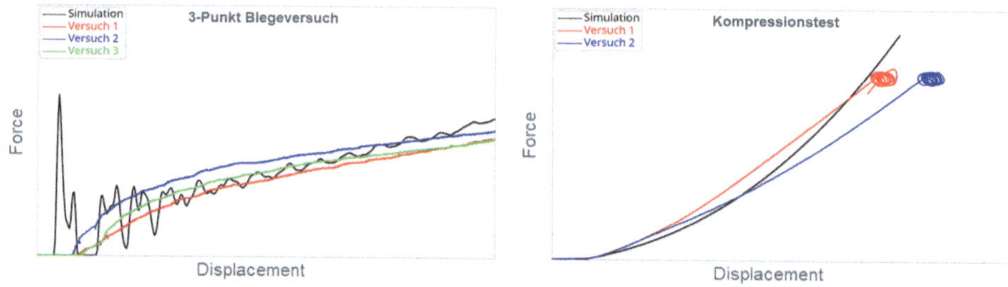

Abb. 7. Pouch-Zelle – 3-Punkt-Biegeversuch (links) und Kompressionstest (rechts)

Kurzschluss produziert werden. Für den Versuch 2 wurde daraufhin eine Presse mit einer Maximalkraft von 150 kN verwendet. Hierbei ist ein Kurzschluss detektiert worden, siehe **Abb. 8** (rechts). Beim Abgleich des Kraftverlaufs der Versuchskurve 2 mit der Simulation beträgt die Abweichung zwischen 2 und 3 kN. Der Kurzschlusszeitpunkt wird in der Simulation korrekt bei der entsprechenden Intrusion und Kraft angezeigt.

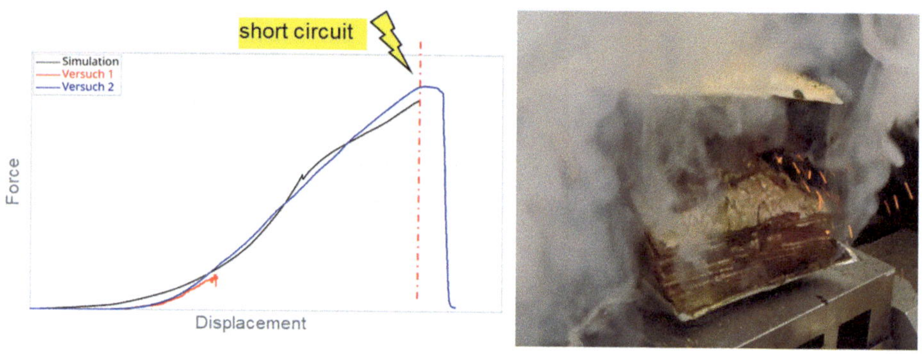

Abb. 8. Pouch-Zelle – Kugeldrucktest Simulation und Versuch

Zylindrische Zelle

Im Gegensatz zur Pouch-Zelle konnte bei der zylindrischen Zelle in jedem Test ein Kurzschluss festgestellt werden, siehe **Abb. 9** und **Abb. 10**. Der Kraft-Weg-Verlauf stimmt besonders im Axialtest sehr gut mit den Versuchen überein. In **Abb. 9** ist die Streuung der Axialversuche erkennbar. Der Unterschied zwischen dem frühesten und spätesten Kurzschluss beträgt rund 3 mm. Für die Simulation wurde das Kurzschlusskriterium so angepasst, dass es in der Mitte dieser Spanne liegt.

Die Kennlinie des Radialversuchs in **Abb. 10** (links) kann bis zum Kurzschlusszeitpunkt („Radial4") gut wiedergegeben werden. Im hinteren Verlauf der Kurve kommt es zu stärkeren Unterschieden zwischen Versuch und Simulation. Hierbei war besonders interessant, da in 4 von 5 Versuchen es zu keinem Kurzschluss gekommen ist. Dies ist voraussichtlich auf die Lage der Wicklung relativ zur Kraftrichtung zurückzuführen.

Im Rundstabtest, **Abb. 10** (rechts), liegt die Simulationskurve bis zum Kurzschluss deutlich unterhalb der Versuchskurven. Generell muss die gleiche Materialkarte den

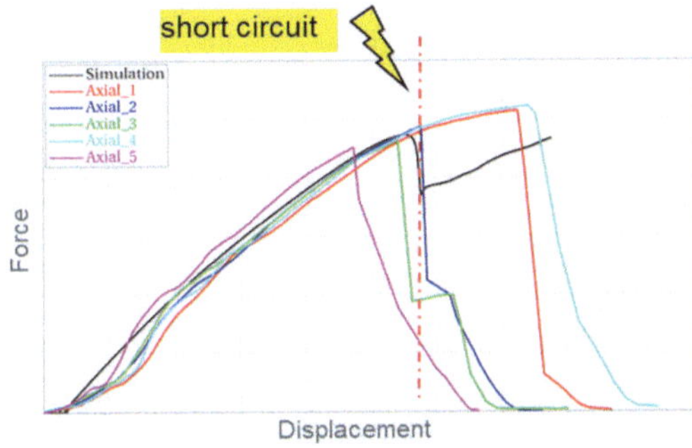

Abb. 9. Zylindrische Zelle – Axial Test

Kraftverlauf bei dem Radial- und dem Rundstabversuch abbilden. Dies ist mit einem einfachen und schnellen Simulationsmodell nur schwer möglich. Deshalb wurde im Rundstabversuch die Abweichung akzeptiert. Für den Einsatz in einer Modul-, Batterie- oder Gesamtfahrzeugsimulation würde dies bedeuten, dass bei der Beaufschlagung der Zelle mit einem kleinen Körper (Rundstabdurchmesser 15,8 mm) die Kraftauswertung bis zum Kurzschluss eine geringere Kontaktkraft anzeigen würde. Bei Erreichung der „Kurzschlussintrusion“ würde der Kurzschluss im Simulationsmodell trotzdem richtig detektiert werden.

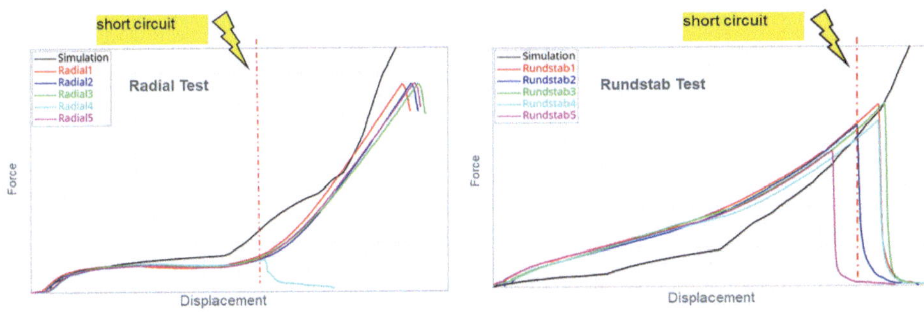

Abb. 10. Zylindrische Zelle – Radial Test (links) und Rundstab Test (rechts)

Nachdem das mechanischen Zellmodelle parametrisiert wurden, werden die Kennwerte für das elektrische Ersatzschaltbild (**Abb. 4**) ermittelt. Für die Bestimmung der Parameter wird eine elektrochemische Impedanzspektroskopie (EIS) durchgeführt. Mit der EIS wird das Zellverhalten bei unterschiedlichen Frequenzen analysiert. Das Ergebnis dieser ist der komplexe Widerstand, mit dem die Parameter (R0, R10, C10) für das Ersatzschaltbild bestimmt werden können. In **Abb. 11** ist der Spannungsverlauf und der Nyquist-Plot der Impedanzmessung bei unterschiedlichen SOC dargestellt. Die EIS wurde nur für die Pouch-Zelle durchgeführt, da die elektrischen Parameter in diesem Anwendungsfall hauptsächlich für die Anzeige des Kurzschlusses und nicht für eine exakte elektrische Simulation der Zelle benötigt werden. Deshalb wurden die gleichen Parameter auch für die zylindrische Zelle verwendet.

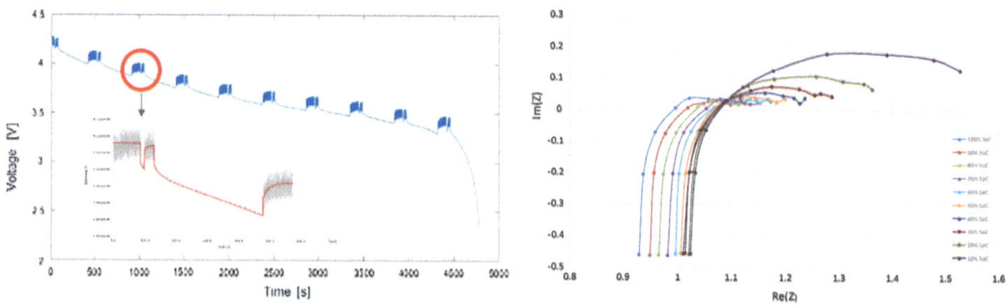

Abb. 11. Ergebnisse der elektrochemischen Impedanzspektroskopie

Durch die mechanischen und elektrischen Versuche werden alle benötigten Parameter generiert, die für den Aufbau des Zellmodels benötigt werden. Das Modell eignet sich im Folgenden für den Einsatz in Modul-, Batterie und Gesamtfahrzeugsimulationen. Da der Kurzschluss bei jedem Zelltyp unterschiedlich ist, müssen die mechanischen Parameter bei Verwendung eines anderen Zelltyps neu bestimmt werden. Wie das vorhandene Modell effektiv in der Entwicklung eingesetzt werden kann, wird im Abschn. 3.2 beschrieben.

3.2 Anwendung des Zellmakromodells

Im folgenden Abschnitt werden die Vorteile der Anwendung des EDAG-Zellmakromodells bei der Auslegung der Fahrzeugbatterie am Beispiel der SCALEbat und H2Hybat aufgezeigt. Dabei werden unterschiedliche Integrationsarten der Zellen in die Batterie untersucht und die Vorteile der Anwendung diese Zellmakromodels veranschaulicht.

EDAG SCALEbat

Für den optimalen Einsatz der Zellmodelle muss die Umgebung um die Batteriezellen detailliert modelliert werden, da ansonsten Verformungen in die Zellen nicht ausreichend genau simuliert werden können. Ein Beispiel für den benötigten Detaillierungsgrad ist in **Abb. 12** dargestellt.

Bei der Auslegung nach Stand der Technik wird zumeist keine oder lediglich geringfügige Deformation der Zellen im niedrigen einstelligen Millimeterbereich zugelassen. Dadurch werden Potentiale bei dem Energiegehalt und Gewicht der Batterie nicht komplett ausgeschöpft. Durch die Möglichkeit die Zellen während der Belastung mechanisch und elektrisch zu simulieren, kann eine deutlich höhere Belastung sowie Intrusion in die Zellen zugelassen werden, da die Simulation einen möglichen Kurzschluss anzeigen kann. Damit besteht die Möglichkeit vorhandene Volumina besser auszunutzen und/oder das Gewicht der Crashstruktur zu reduzieren. In Summe führen die höhere Batteriekapazität und das geringere Gewicht zu einer Steigerung der Reichweite des Elektrofahrzeugs.

Deshalb wurden am Beispiel der SCALEbat unterschiedliche Integrationsstufen der Batterie untersucht und miteinander verglichen. Für die Untersuchung wurden weggesteuerte Simulationen nach ECE R100 sowie Stempelversuche mit einem Pfahl nach UN R135 durchgeführt (Prüfkörper, siehe **Abb. 13**).

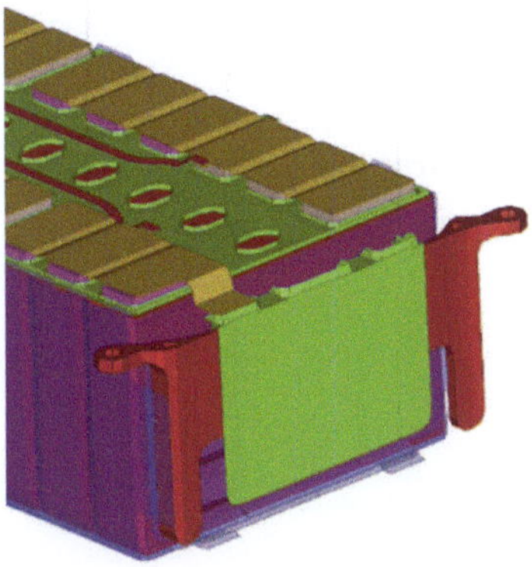

Abb. 12. Detaillierungsgrad Batteriemodul

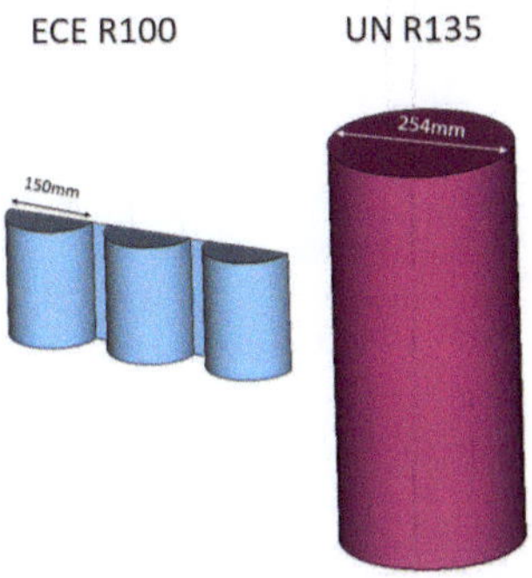

Abb. 13. Prüfkörper – ECE R100 und UN R135

Das Ziel der Optimierung war es einerseits das Batterierahmengewicht zu verringern und andererseits die vorhandenen Sicherheitsbauräume durch zusätzliche Zellen bzw. Module auszufüllen. Für die Optimierung wurde ein Sicherheitsfaktor von 1,5 für die Kurzschlusssimulation angesetzt, sodass auch u. a. einer Streuung im Kurzschlussverhalten Rechnung getragen werden kann. Dies bedeutet, dass bei der simulativen Auslegung der Kurzschluss deutlich früher angezeigt wird. Weiterhin wurden zur Simulationszeitoptimierung nicht alle Zellen für die elektrische Simulation aufgebaut, sondern nur diejenigen, die im Bereich des Lastpfads liegen. Der Detaillierungsgrad entspricht hierbei dem aus **Abb. 12**. Eine Übersicht zu den Ergebnissen kann **Tab. 1** entnommen werden. Die Konzepte sind in **Abb. 14** gegenübergestellt. Der Einfluss der Gewichtsreduktion und die Erhöhung der Energiedichte auf die Reichweite wird auf Basis einer Längsdynamiksimulation für einen fiktiven SUV ermittelt.

Wie in **Tab. 1** dargelegt, kann das Cell2Module-Konzept so weit optimiert werden, dass das Gewicht um 47 kg reduziert wird und der Energiegehalt um 13 % ansteigt. Dies resultiert in einer Reichweitenerhöhung von 64 km. Dabei wird zum einen der vorhandene Raum im vorderen Bereich durch zwei zusätzliche Module genutzt und zum anderen konnte noch je eine Zelle pro Modul integriert werden. Dabei wurde der

Tab. 1. Vergleich unterschiedlicher Batterieintegration ins Fahrzeug

Konzept	**Gewichtsreduktion der Crashstruktur [kg]**	**Steigerung Energiegehalt [%]**	**Erhöhung Reichweite nach WLTP [km]**
Cell2Module	–	–	–
Cell2Module opt	47	13	64
Cell2Module Large	47	18	83
Cell2Pack	70	52	224

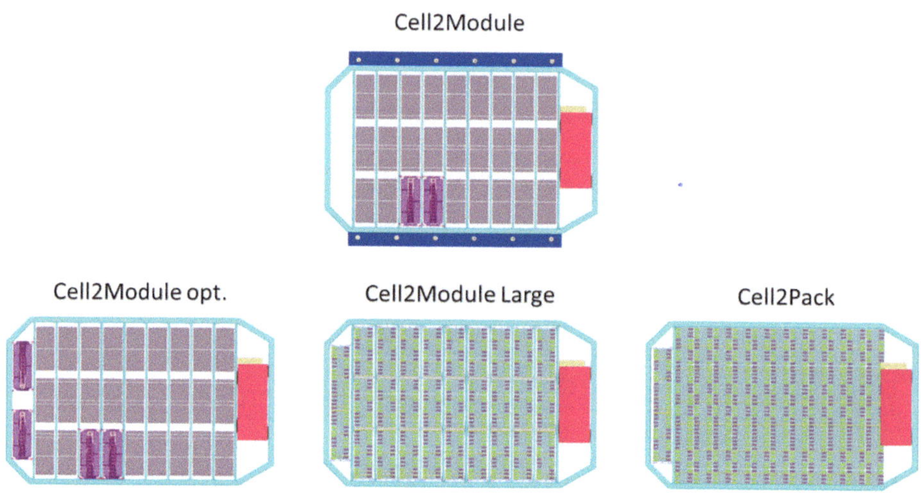

Abb. 14. Simulationsmodelle – Übersicht

Abstand zum seitlichen Profil verkleinert. Aufgrund dessen, dass die Zielkraft vom 100 kN im ECE R100 deutlich übererfüllt worden ist, wurde die seitliche Crashstruktur vollständig entfernt. Damit geht einher, dass das Verschraubungskonzept an den Rohbau adaptiert werden muss.

Gegenüber dem optimierten Cell2Module-Konzept können im Cell2Module „Large" die entfallenden mittleren Anbindungsstellen durch zusätzliche Zellen gefüllt werden. Dadurch steigt der Energiegehalt um 5 % verglichen zum optimierten Cell2Module-Ansatz. Die Reichweite steigt um weitere 19 km an. Die Crashstruktur wurde hierbei nicht weiter optimiert. Auch bei diesem Konzept wurde der Kurzschluss erst deutlich nach den Zielkräften erreicht.

Im Cell2Pack-Konzept wurden zusätzlich noch die Querprofile im Batterierahmen entfernt, somit konnten die Zellmodule deutlich näher zueinander positioniert werden. Damit sinkt das Gewicht der Crashstruktur um weitere 23 kg und der Energiegehalt steigt um 34 %. Mit diesen Optimierungen kann die Reichweite um 140 km zum Cell2Module-Konzept gesteigert werden.

Bei diesen Simulationen wurde deutlich, dass die aktuelle Auslegung der Batterie sehr konservativ ist. Durch die Simulation des Kurzschlusses der Zelle und des Zulassens der Beaufschlagung der Zellen konnte zum einen das Gewicht der Crashstruktur um insgesamt 70 kg verringert werden, der Energieinhalt wurde durch die konsequente Reduktion der Crashprofile um 52 % erhöht. Aufgrund dessen, dass die hier betrachteten Zellen ca. 1 kg wiegen, ist am Ende der Optimierung eine Gewichtserhöhung von 200 kg zustande gekommen. In Summe führt die höhere Energie auch bei gestiegenem Gewicht im WLTP-Zyklus zu einer Reichweitenerhöhung von 224 km im Vergleich zum Basis Cell2Module-Konzept.

In dieser Untersuchung wurde die Optimierung nur aus Zell- und Crashsicht durchgeführt. Simulationen bzw. Untersuchungen hinsichtlich NVH, Thermik, Handling, Kontaktierung sowie Crashsicherheit im Gesamtfahrzeug wurden hier nicht betrachtet. Trotzdem konnte gezeigt werden, dass mit dem Einsatz des EDAG-Zellmakromodells die vorhandenen Potentiale gehoben werden können ohne Einbußen bei der Sicherheit hinnehmen zu müssen.

EDAG H2Hybat

Im Gegensatz zur EDAG SCALEbat besteht die EDAG H2Hybat aus einer Kombination von Wasserstofftanks und zylindrischen Zellen. Dadurch ist es möglich das zylindrische Zellmodell auf dessen Stabilität in Stempelsimulationen zu überprüfen. Da auch bei diesem Konzept noch „Sicherheitsbauräume“ vorhanden sind, konnten diese zum Teil durch zusätzliche Zellen gefüllt werden. Deshalb wurde die Zellanzahl im Radbereich der Module um 15 Stück pro Reihe und je Seite erhöht, siehe **Abb. 15**.

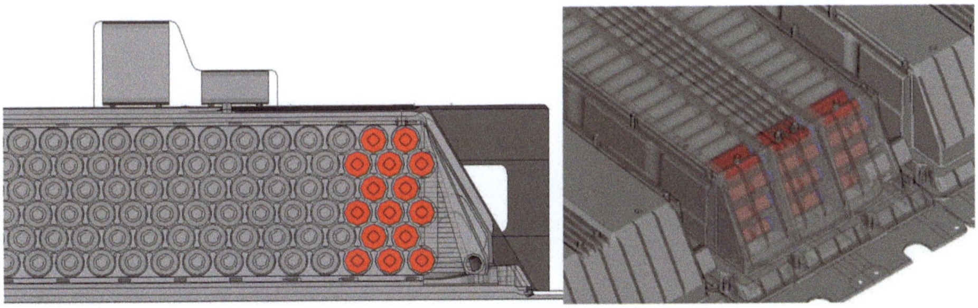

Abb. 15. EDAG H2Hybat – zusätzliche Zellen

Würde die H2Hybat ausschließlich batteriebetrieben werden, so ergäbe sich eine Erhöhung der Zellanzahl um 480 Zellen. Dies entsprich einem Energiezuwachs von ~9 kWh und würde einer Reichweitenerhöhung von 72 km entsprechen. Auch hier zeigen die Berechnungen gemäß ECE R100 keine Auffälligkeiten hinsichtlich Sicherheit. Der Kurzschluss wurde erst bei einer Stempelkraft von ~280 kN erreicht, siehe **Abb.** 16. Somit entspricht diese Kraft der 2,8-fachen Kraft, welche zur Erfüllung der ECE R100 benötigt wird. Es wird auch bei der H2Hybat deutlich, dass durch die konservative Auslegung vorhandene Potentiale noch nicht optimal genutzt wurden.

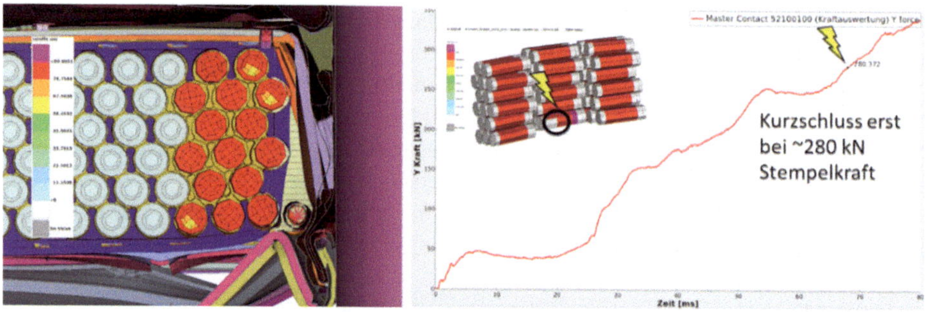

Abb. 16. EDAG H2Hybat – Kurzschlussdetektion

4 Zusammenfassung und Ausblick

Für die Fahrzeugentwicklung der jetzigen und kommenden Generationen ist es von entscheidender Bedeutung das Verhalten des Batteriesystems in Crashsituationen bestmöglich simulieren zu können. Kann dieses nicht simulativ abgebildet werden, so müssen meist aus Sicherheitsgründen die sicherheitsrelevanten Strukturen deutlich steifer und schwerer gestaltet werden. Dadurch wird zumeist eine minimale Zellintrusion angestrebt. Durch geeignete Simulationsmodelle kann das Zellverhalten auf mechanischer und elektrischer Ebene abgebildet werden. Dies ermöglicht erst die genaue Beurteilung einer Kurzschlussgefahr im Crashlastfall und somit die optimale Auslegung der energieabsorbierenden Strukturen und die Anzahl der Zellen, ohne Abstriche bei der Sicherheit hinnehmen zu müssen.

Bei EDAG wurden Zellmakromodelle zur Simulation des Kurzschlusses im Crashlastfall entwickelt und mit Versuchen validiert. Es konnte gezeigt werden, dass die Simulationen die durchgeführten Versuche ausreichend genau abbilden und auch in größeren Modellen eingesetzt werden können.

Durch den Einsatz des Pouch-Zellmakromodells konnte an der SCALEbat aufgezeigt werden, dass Potentiale hinsichtlich des Gewichtes und der Energiedichte vorhanden sind. Optimierungen der Crashstruktur und der Umbau von einem Cell2Module Konzept zu einem Cell2Pack-Konzept ergaben einen Zuwachs der Energiedichte um 52 %. Die vorhandenen Bauräume konnten somit effizient ausgenutzt werden. Die resultierende Reichweitenerhöhung betrug an einem fiktiven SUV im WLTP-Zyklus 224 km.

Als zweiter Use-Case wurde das zylindrische Makromodell anhand der H2Hybat untersucht. Eingriffe in die Struktur wurden hierbei vermieden, da dieses Konzept für den kombinierten Einsatz von Wasserstofftanks und Zellen ausgelegt ist. Durch die Ausnutzung der vorhandenen Sicherheitsbauräume im Modul konnte der Energiegehalt um ~2 kWh je Modul gesteigert werden bei Einhaltung der Sicherheitsanforderungen der Crushlastfälle.

Anhand der Simulationen der SCALEbat und H2Hybat wurde deutlich, dass durch den Einsatz detaillierter Simulationsmethoden im Bereich der Zellsimulation zum einen das Gewicht der energieabsorbierenden Bauteile gesenkt und zum anderen die Energiedichte erhöht werden kann. Beides wirkt sich positiv auf die elektrische

Reichweite des Fahrzeuges aus. Dadurch könnte eines der Hauptkritikpunkte der Elektromobilität, die geringe Reichweite, deutlich abgemildert werden [4][5].

Die kommenden Versuchsreihen an typischen Zellformaten und unterschiedlichen Zellchemien werden die Weiterentwicklung der Zellmakromodelle vorantreiben.

Förderhinweis
Das Projekt H2HyBat wurde vom Land Hessen im Rahmen der Innovationsförderung Hessen unter der Projektnummer 842/20–02 gefördert.

Literatur

1. Teppich, C., Epperlein, L., Breitenbach, F., Hillebrecht, M.: „Skalierbares Batteriegehäuse für Variantenintensive Bodengruppen“. MTZ (81), 58–62 (12|2020)
2. Caba, S., Schütz, T.: „Kombination aus Batterien und Wasserstofftanks in einem Flexiblen Hybridspeicher“. ATZ (124). S. 28–32 (09|2022)
3. DYNAmore Dyna Examples, Online: https://www.dynaexamples.com/em/battery. letzter Zugriff 24.08.2022
4. ADAC, Online: https://www.adac.de/rund-ums-fahrzeug/elektromobilitaet/info/elektroauto-pro-und-con-tra/#:~:text=Bei%20der%20Lebenszyklus%2DAnalyse%20kommen,von%20Autos%20mit%20einem%20Verbrennungsmotor. letzter Zugriff 26.08.2022
5. Targobank: Autostudie. Online: https://www.presseportal.de/pm/78980/5169482 (2022). letzter Zugriff 30.08.2022

Antriebsbatterien bei Stellantis – Teil der Kreislaufwirtschaft

Roland Matthé(✉)

Stellantis, 6423 Rüsselsheim, Deutschland
Roland.Matthe@stellantis.com

Zusammenfassung. Stellantis ist ein global agierender Automobilkonzern entstanden aus der Fusion von PSA und FCA im Januar 2021. Die Elektrifizierung der Fahrzeugantriebe ist eine Hauptstrategie des Konzerns und einzelne Marken wie beispielsweise Opel haben bereits den vollständigen Wechsel zu elektrischen Antrieben innerhalb dieses Jahrzehnts angekündigt. Das Ziel ist Nachhaltigkeit und damit ist ein ganzheitlicher Ansatz zur Materialgewinnung, der Reduktion von Emissionen, langfristiger Nutzung von Batteriesystemen in Fahrzeugen und möglicherweise auch in stationären Anwendungen sowie effizientes und effektives Recycling nötig. Um dies zu erreichen, arbeitet Stellantis daran die Methoden der Kreislaufwirtschaft zu etablieren. Der Beitrag wird die Bandbreite der Elektrifizierung der Antriebe und sowie der Entwicklung der Batterietechnik bei Stellantis vorstellen. Konkrete Beispiele für die Nutzung von gebrauchten Fahrzeugbatterien werden im Vortrag dargestellt.

Für die Aufarbeitung von Batteriesystemen für die Ersatzteilversorgung betreibt Stellantis auf dem Opel Firmengelände in Rüsselsheim (Deutschland) das „Battery Expertise Center". Hier werden Batteriesysteme auf Fehler analysiert, Teile ausgetauscht und in einem umfangreichen Testprogramm als Austauschbatterie qualifiziert. Das Unternehmen hat bereits über 10 Jahre Erfahrung bei der Aufarbeitung von Lithium Ionen Antriebsbatteriesystemen.

Im Rahmen eines Ladeinfrastrukturprojekts wurde ein Energiespeicher zur stationären Nutzung von gebrauchten Batterien des Opel Ampera entwickelt. Bis zu 18 Batteriesysteme sind mit Umrichtern verbunden und können mit Drehstrom aufgeladen werden und Energie speichern, welche für 8 Ladepunkte oder zur Netzstützung verwendet werden kann.

Batteriesysteme, bei denen eine weitere Nutzung nicht mehr wirtschaftlich sinnvoll ist werden zerlegt und die Materialien dem Recycling zugeführt. Die Verfahren für das Recycling von Batteriezellen und Batteriemodulen werden durch Partner weiter optimiert. Eine Übersicht über die Recyclingverfahren wird im Beitrag vorgestellt.

Die Nutzung von kritischen Elementen aus recycelten Batteriezellen, wie beispielsweise Nickel, Kobalt oder Lithium für die zukünftige Fertigung von Batterie-elektroden ist das Ziel.

Durch die Anwendung der „Life-Cycle-Analysis" (LCA) Methode kann die Nachhaltigkeit der Batterieanwendungen optimiert werden.

Keywords: Batterie · Kreislaufwirtschaft

A. Heintzel (Hrsg.): EFPWRT 2022, Proceedings, S. 104–120, 2023.
https://doi.org/10.1007/978-3-658-42553-1_9

1 Stellantis

1.1 Globaler Automobilhersteller

Stellantis wurde im Januar 2021 durch die Fusion der Konzerne Peugeot S.A. (PSA) und Fiat-Chrysler Automobiles (FCA) gegründet. Der neue Stellantis Konzern besitzt ein breites und traditionsreiches Markenportfolio mit bestehend aus den Fahrzeugmarken Peugeot, Opel, Fiat, Vauxhall, Lancia, Alfa-Romeo, Maserati, Dodge, Citroen, Chrysler, Jeep, Abarth, Fiat professional, RAM, DS Automobiles und den Geschäftsbereichen für Mobilitätsdienstleistungen mit den Markennamen Leasys und Free2Move. 6 Markengruppen bedienen die Marksegmente von Luxus über Premium und Mittelklasse bis hin zu Geländewagen.

Im Jahr 2019 hat die PSA Gruppe 3,5 Mio. Fahrzeuge und die FCA Gruppe 4,6 Mio. Fahrzeuge verkauft, in Summe somit 8,1 Mio. Einheiten. Die Hauptabsatzmärkte sind Europa und Nord-Amerika (Abb. 1).

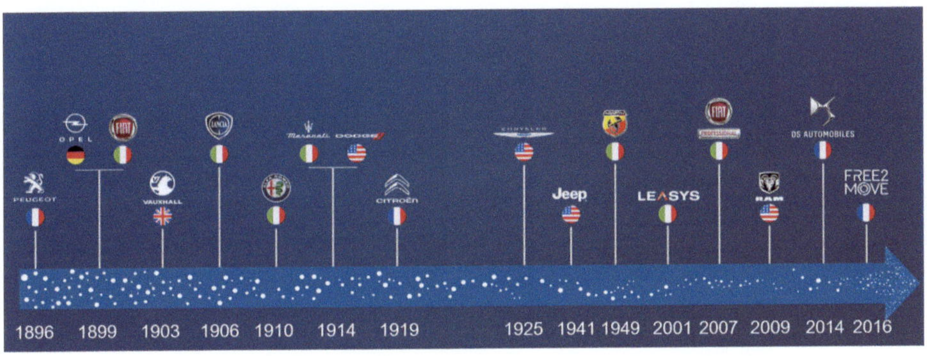

Abb. 1. Stellantis Marken mit Land und Jahr der Gründung

1.2 Stellantis Elektrifizierungsstrategie

Stellantis betreibt eine breit angelegt Elektrifizierungsstrategie die am 8.Juli 2021 auf dem „EV Day" kommuniziert wurde und am 1.März 2022 mit der Ankündigung des Programms 2030 bestätigt wurde. Das Angebot an Batterie-Elektrischen-Fahrzeugen (BEV – Battery Electric Vehicle) soll von weltweit 19 Modellen im Jahr 2021 auf über 75 Modellen im Jahr 2030 gesteigert werden. Im Jahr 2030 soll die Produktpalette mehr 60 BEV Modelle in Europa und mehr als 25 BEV Modelle in USA enthalten.

Die „BEV" Verkäufe betrugen im Jahr 2021 weltweit 0,2 Mio. und im Jahr 2030 wird ein Verkauf von 5 Mio. Fahrzeugen in BEV Kategorie angestrebt. Dazu werden alle neuen Produktanläufe der Luxusmarken ab 2024 mit batterieelektrischem Antrieb ausgestattet sein. Die neuen Produkte der Premiummarken sollen ab dem Jahr 2025 batterie-elektrisch angetrieben werden und alle Marken in Europa werden ab 2026 neue Fahrzeugprodukte nur mit elektrischem Antrieb einführe.

Die Prognose basiert auf aktueller Bewertung der zukünftigen Marktentwicklung & Vorschriften und in der Annahme förderlicher staatlicher Maßnahmen zu Ladeinfrastruktur und Kaufanreizen (Abb. 2).

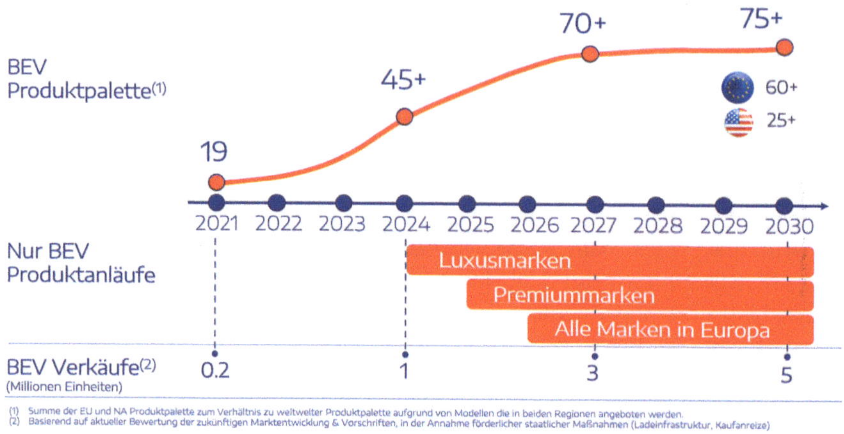

Abb. 2. Planung zur BEV Markteinführung

Die Elektrifizierungsstrategie des Stellantis Konzerns wird getragen von der Entwicklung der 4 elektrischen Fahrzeugarchitekturen STELLA SMALL, STELLA MEDIUM, STELLA LARGE und STELLA Frame für die 3 Baureihen von elektrischen Antriebsmaschinen entwickelt werden. Die Fahrzeugwerke werden umgestellt auf die Produktion batterie-elektrischer Fahrzeuge. Stellantis investiert in den Aufbau neuer Wertschöpfungsketten im Bereich des elektrischer Antriebsstrangs, der Batteriezellenfertigung und der Ladeinfrastruktur. Hierzu wurden unter anderem die Gemeinschaftsunternehmen (JV Joint Venture) „Nidec PSA emotors SAS, ACC (Automotive Cells Company) und Free2Move eSolutions gegründet. Die Entwicklung der Feststoff Batterie (Solid State Battery) wird mit den Partnern ACC und Factorial vorangetrieben. Das erwartete starke Wachstum der Batterieproduktion erfordert zusätzliche Aktivitäten um die Verfügbarkeit der Rohstoffe wie zum Beispiel Lithium sicherzustellen. Hierzu wurde eine Partnerschaft mit VULCAN ENERGIE „Zero Carbon Lithium" etabliert. Der Konzern Stellantis plant Investitionen von mehr als 30 Mrd. Euro in den Jahren 2021 bis 2025 für die Bereiche Elektrifizierung und Software. Das Produktionsvolumen der 5 geplanten Batteriezellfabriken mit Partnern soll im Jahr 2030 in Europa 250 GWh und in Nordamerika 150 GWh pro Jahr betragen (Abb. 3).

Die deutsche Marke des Stellantis Konzerns ist Opel. Im Personenwagensegment werden die Modelle Corsa und Mokka als BEV angeboten, ab dem Jahr 2023 wird der Astra auch als BEV hergestellt. Die Modelle Grandland und Astra werden als Plug-In Hybrid (PHEV) angeboten. Alle leichten Nutzfahrzeugmodelle von Opel werden als BEV angeboten: Combo, Vivaro, Zafira und Movano (Abb. 4, Abb. 5).

2 Plattform Strategie und effizientes Design

2.1 Fahrzeugarchitekturen für elektrischen Antrieb

Innerhalb des Stellantis Konzern werden 4 neue Fahrzeugarchitekturen für elektrischen Antrieb entwickelt. STELLA SMALL wird als effiziente Plattform Stadtmobilitätslösungen in kleinen Fahrzeugen bieten. STELLA Medium wird

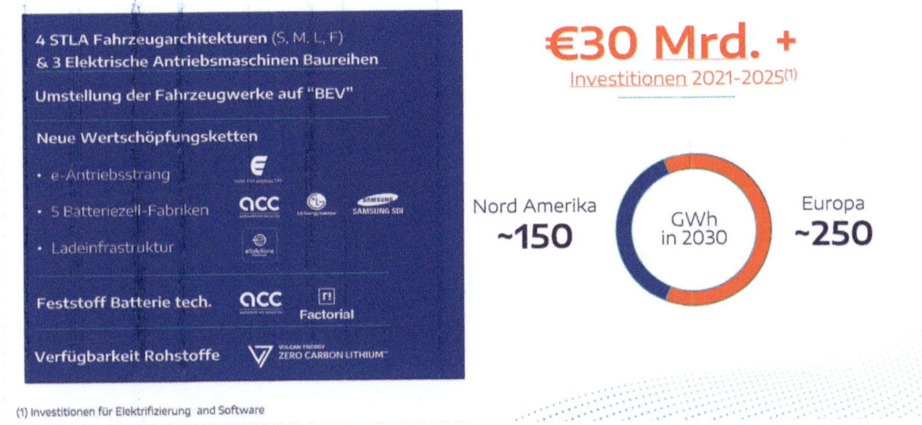

Abb. 3. Stellantis Plans vorgestellt im Rahmen EV Day und DARE 2030 Initiative

Abb. 4. Elektrische PKW und Nutzfahrzeuge von Opel

für Premiumfahrzeuge entwickelt. Die STELLA LARGE Plattform ist für leistungsstarken Allradantrieb für SUV, innovative Pick-up Truck und „American Muscle Cars" vorgesehen. Die STELLA FRAME Architektur wird mit der Zielsetzung Komfort, Leistungsfähigkeit und Praktikabilität für die Nutzfahrzeugpalette, Pick-up-Trucks und Full-Size-SUVs entwickelt.

Die 4 neuen Fahrzeugarchitekturen werden gezielt für elektrische Antriebe ausgelegt. Die Konstruktion der Batteriesysteme erreicht hohe Energiedichte und effizientes Raumausnutzung. Die Konzeption bietet hohe Flexibilität und hohen nutzbaren energetischen Wirkungsgrad. In jeder Fahrzeugarchitektur wird es Varianten geben mit unterschiedlich Batterieenergien und Reichweite. In Tab. 1 wird dargestellt welcher

Abb. 5. 4 Fahrzeugarchitekturen für alle Markt und Kundenanforderungen

Energiebereich mit der jeweiligen Architektur abgedeckt wird und die maximale Reichweite, welche in Kombination der großen Batterie und dem effizientem Fahrzeugdesign erreichbar sein wird.

Tab. 1. Zieldaten der 4 BEV Architekturen

BEV Architektur	Maximale Reichweite	Batterie Energie Minimum bis Maximum
STELLA SMALL	500 km	37 kWh bis 82 kWh
STELLA MEDIUM	700 km	87 kWh bis 104 kWh
STELLA LARGE	800 km	101 kWh bis 118 kWh
STELLA FRAME	800 km	159 kWh bis über 200 kWh über 200 kWh

3 Von Kundenanforderungen zu technischen Anforderungen für Batterien

3.1 Kundenanforderungen

An ein modernes Batteriesystem werden von Kunden und durch Gesetze vielfältige Anforderungen gestellt. Die Sicherheit und Robustheit des Systems stehen im Mittelpunkt und haben höchste Priorität. Häufig werden von Kunden Anforderungen wie große Reichweite, niedrige Kosten und vielfältige Lademöglichkeiten zuerst genannt. Durch die Gesetzgebung werden Forderungen zu „ECO-Design" und die Nachhaltigkeit gestellt. Die Abdeckung aller Märkte erfordert auch die Erfüllung extremer Temperaturanforderungen. Sowohl sehr hohe als auch sehr niedrige Umgebungstemperaturen dürfen die Nutzung nicht einschränken. In Zukunft werden Kunden auch die Einbindung ihrer Fahrzeugbatterie als Energiespeicher für Hausenergie, für Geräteversorgung oder zur Netzunterstützung anfragen. Im Englischen wird dies als Vehicle-to-X Anwendung oder V2X bezeichnet. Weiter Anforderungen für die Batteriesystems ergeben sich durch den allgemeinen Trend zu mehr Komfort, dem autonomen Fahren und der Konnektivität (Abb. 6).

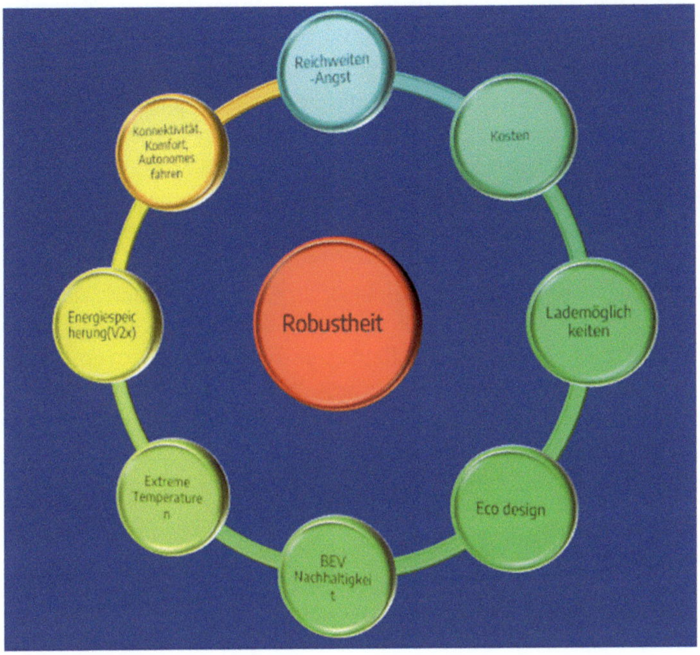

Abb. 6. Vielfältige Anforderungen an Batteriesysteme

Aus diesen Kundenanforderungen entstehen Leistungsanforderungen für die nächste Generation der Lithium-Ionen Batteriezellen. Die Energiedichte der Zellen soll volumetrisch auf 700 Wh/L erhöht und gravimetrisch auf 300 Wh/kg gesteigert werden. Um die Schnellladung zu beschleunigen, wird im niedrigen Bereich des Ladzustands eine C-Rate von größer 3 angestrebt. Die C-Rate beschreibt das Verhältnis von Strom [A] zu Kapazität [Ah]. Zum Beispiel, wenn eine Batterie mit einer Kapazität von 125 Ah mit 250 A geladen wird, dann entspricht dies einer C-Rate von 2C. Für die Batterie-Lebensdauer sind viele Kriterien und die Definition des Endes relevant. Aus der Fahrstrecke und Fahrleistung ergeben sich die Kriterien Zyklenzahl oder Energiedurchsatz und Zeit, also die Anzahl der Entladungen des nominalen Energieinhaltes oder das Integral der entladenen Energie. Bei der Zeitdauer („kalendarisch") sind wichtige Einflussfaktoren der Ladezustand und die Temperatur der Batterie im Fahrzeug. Das Ende der Lebensdauer ist erreicht wenn ein Defekt auftritt und die Reparatur nicht wirtschaftlich ist oder die Speicherkapazität so gering ist, dass kein Nutzer mehr darin einen Wert sieht. Der Lebensdauerstatus, englisch State-of-Health oder abgekürzt SoH ist das Verhältnis der aktuell unter Standardbedingungen messbaren Kapazität bezogen auf die spezifizierte Kapazität zum Produktionszeitpunkt. Zum Beispiel, wenn eine Batterie bei einem Standardtest noch 80 % des Wertes einer neuen Batterie erreicht, dann entspricht dies einem

SoH von 80 % mit Bezug zur Kapazität. Der Energiedurchsatz sollte die erforderliche Fahrzeuglaufleistung und die Kundenerwartung an die Fahrzeuglebensdauer in Jahren und die Restreichweite erfüllen. Im Standardtest der BEV Batteriezellen wird die Kapazität bei einem Entladestrom von C/3 Kapazität bestimmt. Beispiel: Eine Batterie mit 150 Ah Neu-Kapazität würde mit 50 A entladen, und würde bei einem Test eine Kapazität von 120 Ah erreichen, so entspräche dies 80 % SOH. Für die Betrachtung der Batteriealterung ist aber auch die Erhöhung des Innenwiderstandes zu beachten. Ein erhöhter Innenwiderstand reduziert die Entlade- und Ladeleistung der Batterie und beeinflusst Fahrleistungen, Ladezeit und Effizienz oder Abwärme des Batteriesystems. Allgemein wird auch die Betrachtung der nutzbaren Energie als sinnvoll angesehen, damit ist Bestimmung der verbleibenden Reichweite möglich. Für kleine Fahrzeuge wäre ein Energiedurchsatz von > 40 MWh und lange Lebensdauer, vergleichbar zu heutigen Fahrzeugen, also 15 Jahren eine typische Anforderung.

Die große Marktverbreitung von Elektrofahrzeugen erfordert, dass sowohl Temperaturanforderungen in sehr heißen Regionen wie beispielsweise in Südeuropa oder Arizona erfüllt werden als auch die vollständige Funktion in extrem kalten Regionen wie in Skandinavien oder in Kanada sichergestellt ist.

Eine weitere Schlüsselanforderung ist eine erhöhte thermische Stabilität und reduzierte Brennbarkeit. Interne Zellfehler müssen erkannt und gemeldet werden. Thermische Reaktion sollten verlangsamt oder gestoppt werden.

3.2 Entwicklung der Vorschriften

Die Vorschriften zur thermischen Ausbreitung werden verschärft und könnten ab dem Jahr 2024 gelten. Sollte eine Batterie in Brand geraten, so wird Anforderung für die Zeitdauer bis Flammen oder Rauch den Innenraum erreichen erhöht. Sollte das Fahrzeug parken und in Brand geraten, so muss der Kunden gewarnt werden. Hersteller müssen die Messwerte der Tests dokumentieren.

Zur Haltbarkeit werden Anforderungen für Energie und Reichweite als Funktion von Fahrzeugnutzung, also Fahrstrecke und Fahrzeugalter geplant. In den USA stellt das California Resource Board (CARB) Anforderungen auf bezüglich Lebensdauer und notwendiger Restenergie an diesem Zeitpunkt.

Der Entwurf zur neuen europäische Batterieverordnung enthält Forderungen die CO_2 Emissionen oder den CO_2 „Fußabdruck“ zu bestimmen und eine Ökobilanz zu erstellen. Es werden Anforderungen mit Grenzwerten zur freigesetzten Masse [kg] an CO_2 bei der Herstellung im Verhältnis zur gespeicherten Energie [kWh] in der Batterie verhandelt. Die Vorschriften für das Recycling werden konkretisiert und mit Zielwerten für kritische Stoffe und mit einem entsprechendem Zeitplan versehen.

3.3 Technische Herausforderungen

Batterie-entwicklung erfordert eine Optimierung um den besten Kompromiss der Eigenschaften Energiedichte, Schelladefähigkeit, Haltbarkeit und Kosten zu finden. Die Einführung neuer Batteriemateriealien wie beispielsweise Silizium als Anodenmaterial kann auch Nachteile bringen, diese müssen erkannt werden. Auch das Konzept der Feststoff-Batterie, also der Verzicht auf flüssigen Elektrolyten, ist eine Herausforderung und kann neue Anforderungen an die Pack Konstruktion ergeben. Für Batterien mit flüssigem und brennbarem Elektrolyten muss die Konstruktion der Batteriesysteme angepasst werden um das Risiko und die Auswirkungen des thermischen „Durchgehens“ (Thermal Runaway) und der thermischen Ausbreitung (Thermal Propagation) zu reduzieren. Zunächst gilt es die thermische Stabilität der Batteriezelle zu erhöhen, zudem werden thermische Schutzmaßnahmen auf Modul und Pack-Ebene entwickelt.

Batteriesystems müssen in jedem Alterungszustand die Sicherheitsanforderungen erfüllen.

4 Doppelstrategie für Batteriechemie und Technologieplan für Batteriezellen

4.1 Kathodenmaterial

Das Kathodenmaterial der Batterie hat einen großen Einfluss auf Energiedichte und somit auf die erzielbare Reichweite. Nickel basierte Materialien erreichen die höchste Energiedichte, ein hoher Nickel- oder Kobalt-Anteil kann aber Herausforderungen an Stabilität und an Materialverfügbarkeit und somit Kosten stellen. Alternativen können Kathodenmaterialien ohne Nickel und Kobalt sein, beispielsweise Phosphate wie $LiFePO_4$ (LFP) oder LMFP oder stark Mangan basierte Materialien wie LMO. Diese Materialien haben von Lithium abgesehen gute Rohstoffverfügbarkeit, erreichen aber nicht die volumetrische oder gravimetrische Energiedichte von NCM811 (Nickel 80 % Kobalt 10 % Mangan 10 %), dem zurzeit in Energiedichte führendem Material.

Materialien ohne Nickel oder Kobalt erreichen für Zellen eine volumetrische Energiedichte von 400 bis 500 Wh/L, im Vergleich können mit Nickelbasierten Kathoden 600 bis 700 Wh/L erreicht werden. Um alle Kundenwünsche abzudecken ist es sinnvoll eine Doppelstrategie zu nutzen, so können kostengünstige System realisiert werden, aber auch große Reichweiten, jedoch zu höheren Kosten.

In der Abb. 7 werden Materialeigenschaften zukünftiger Kathodenmaterialoptionen in 11 Kriterien bewertet und mit NCM811 verglichen. Kein Material kann in allen Kriterien den Vergleich gewinnen. Die beste Zell-Chemie gibt es nicht, es muss immer der beste Kompromiss für die Anforderung einer speziellen Anwendung gefunden werden.

Abhängig von Leistungs- und Haltbarkeitsanforderungen können die verschiedenen Kathodenmaterialien die Entkopplung von den Schwankungen der Preise für Kobalt und Nickel Metalle ermöglichen oder zumindest den Einfluss der Schwankungen begrenzen. In Abb. 8 wird deutlich wie Nickel und Kobalt reduziert werden können.

4.2 Zukunftsplan Batteriezellen

Zwei Entwicklungsrichtungen führen in die Zukunft. Zur Maximierung der Energiedichte wird der Nickel Anteil erhöht und in der Anode wird Graphit zum Teil mit Silizium ersetzt. Kathodenmaterialien mit 90 % und mehr Nickelanteil oder Anodenmaterialien mit mehr als 50 % Siliziumanteil haben noch einen niedrigen Reifegrad und bis zum Einsatz in Serienprodukten sind weitere Verbesserungen notwendig. Die Feststoffbatterie mit metallischer Lithiumanode hat theoretisch das Potential die höchste

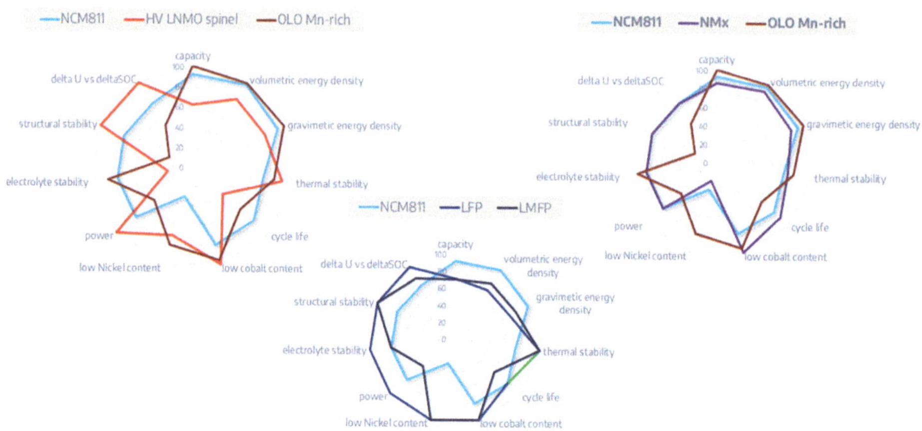

Abb. 7. Vergleich verschiedener Kathodenmaterialien

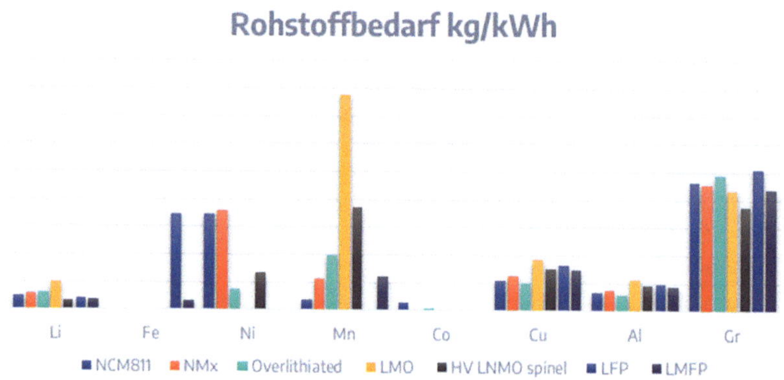

Abb. 8. Rohstoffbedarf für die verschiedenen Materialoptionen

Energiedichte zu erreichen, bis dahin sind einige Jahre intensiver Entwicklungsarbeit erforderlich.

Ein zweiter Weg ist die Entwicklung eines Kathodenmaterials mit niedrigem- oder ohne Kobaltanteil. Entwicklungen zu verbessertem Lithium Eisen Phosphat (LFP) oder Lithium Mangan Eisen Phosphat (LMFP) sowie sogenannte Hoch-Volt (>4,2V) Spinelle Lithium-Nickel-Managen-Oxid (LNMO) könnten mögliche Wege zu minimalen Systemkosten sein. Langfristige Konzept mit hoher Energiedichte haben noch einen niedrigen Reifegrad und es sind weitere Verbesserungen nötig (Abb. 9).

5 Nachhaltigkeit als Ziel

Elektrofahrzeuge sollten in ihrer Herstellung und Nutzung eine deutlich verbesserte Umweltbilanz aufweisen. Die Klima-, Umwelt, und Rohstoffsituation in der Welt ist kritisch und die Menschen erwarten eine Reduktion der Emissionen und verantwortungsvollen Umgang mit den natürlichen Ressourcen.

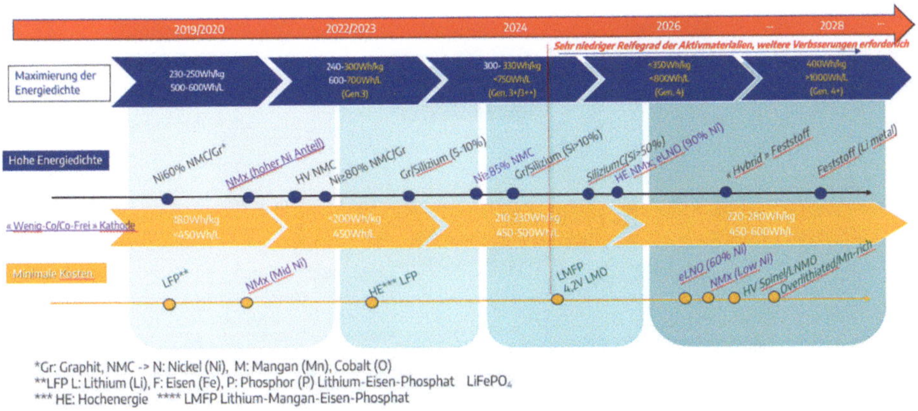

Abb. 9. Zukunftsplan Batteriechemie

5.1 Neue gesetzliche Anforderungen zur Nachhaltigkeit

Weltweit sind neue gesetzliche Anforderungen für Batterien in der Vorbereitung und im Gesetzgebungsprozess. Die Europäische Union plant neue Vorschriften für die Herstellung, Nutzung, Wiederverwendung und Verwertung von Batterien. Dazu soll die Richtline 2006/66/CE durch eine neue Verordnung des europäischen Parlaments und des Rates über Batterien und Altbatterien ersetzt werden. Die Vorschläge der Europäischen Kommission fordern die Möglichkeit der Nutzung von Batteriesystemen bis zur vollständigen Erschöpfung, auch in anderen Anwendungen als der ursprünglichen Verwendung (Umwidmung, Umfunktionieren). Allgemein soll für Batterien die Sammelquote verbessert werden. Die Recyclingeffizienz soll erhöht werden und es wird Zielwerte für die Materialrückgewinnung geben, welche über die Jahre erhöht werden. Dazu kommen die Sorgfaltspflicht und erweiterte Herstellerhaftung. Eine CO2 Bilanz für die Herstellung von Elektrofahrzeugen und damit auch der Batterien ist zu erstellen.

Erstmalige werden Anforderungen gestellt die Emissionen von Treibhausgasen während allen Schritten des Produktlebenszyklus zu ermitteln. Dazu dient die Harmonisierung der Methode PEFCR* (**Product Environmental Footprint Category Rules for battery*) und die Definition der Einfluss Kriterien. Dies wird Auswirkungen haben auf die Konstruktion und das Design der Batterie insbesondere die Zellchemie, die Größe der Batterie, den Standort des Produktionswerks und des Energieeinsatzes für die Herstellung. Die Methode könnte auch für eine zukünftige globale Besteuerung verwendet werden (Abb. 10).

Auch China bereitet Standards zur Messung der CO_2 Bilanz für das Gesamtfahrzeug und die Batterie vor. Der neue Entwurf wird analysiert. Zurzeit sind noch keine Anforderungen oder Grenzwerte bekannt. Stellantis erwartet neue Vorschriften ab den Jahren 2028–2029.

In den USA wird eine Gesetzgebung als Reaktion auf den „California Global Warming Solutions Act“ vorbereitet. Wenn dies Gesetz beschlossen wird, dann müssen Treibhausgasemissionen jährlich ab 2025 kommuniziert und reduziert werden (Abb. 11).

Abb. 10. Neue Batterie Vorschriften – Überarbeitung der CE Richtline 2006/66

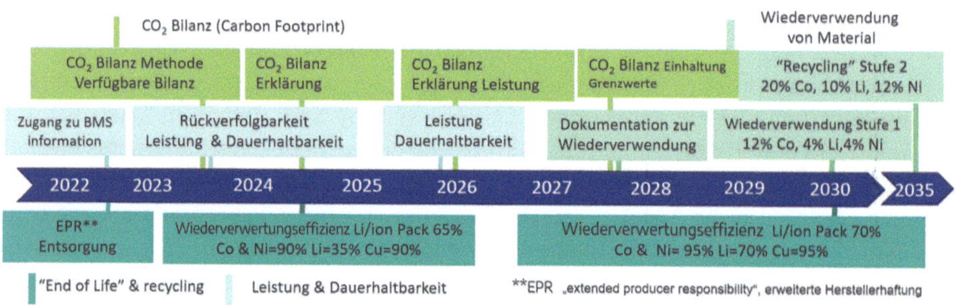

Abb. 11. Zeitplan der neuen Anforderungen für Batterien in der EU

Die CO_2 Bilanz für Batterien ist gekoppelt mit den Treibhausgasemissionen bei der Gewinnung der Rohstoffe und dem Energiebedarf der Verarbeitungsprozesse. Einige Materialien und Prozesse zur Produktion der Kathode haben großen Einfluss. Die Fahrzeugproduktion eines Fahrzeuges mit Verbrennungsmotorischem Antrieb und Elektroantrieb verursacht ähnlichen Einfluss auf die globale Erwärmung gemessen in kg CO_2 äquivalent wie die eines elektrischen Fahrzeuges ohne die Batterie. Eine „BEV" Batterie mit NCM Kathode und Graphit Anode versucht rund 70 % dieses Wertes zusätzlich. Dabei werden durch Produktion des Kathodenmaterials rund 50 % des relativen Treibhauspotenzials verursacht.

Die neuen Batterie Vorschriften werden Anforderungen für die Menge an wiederverwendetem Material in der Batterie Produktion und Ziele für den Wirkungsgrad der Recycling-Verfahren enthalten. Dies sind zwei der Hauptziele welche Stellantis in Zusammenarbeit mit europäischen Recyclingfirmen abzuschätzen versucht, um sich auf die Erfüllung der Batterie Vorschriften in den nächsten Jahren vorzubereiten. In Abb. 12 wird gezeigt ab welchen Zeitpunkt ein bestimmter Prozentsatz eines Rohstoffes in der Zell-Fertigung aus aufgearbeiteten Stoffen stammen müssen. So soll ab 1.1.2030 12 %

des verwendeten Kobalts aus dem Recycling stammen. Für die Recyclingverfahren werden Zielwerte für die Wiederverwertungseffizienz vorgegeben. Ab dem 1.1.2025 sollen beim Recycling von Lithium Ionen Batterie mindestens 65 % des Materials zurückgewonnen werden, bezogen auf Batterie Pack Masse. Auf Materialebene soll ab dem 1.1.2026 eine Rückgewinnungsquote von 90 % bei Kobalt, Nickel und Kupfer erreicht werden. Vom enthaltenen Lithium sollen mindestens zu 35 % wiedergewonnen werden. Ab 1.1.2030 ist geplant eine Rückgewinnungsquote von 95 % für Kobalt, Nickel und Kupfer und 70 % für Lithium zu fordern.

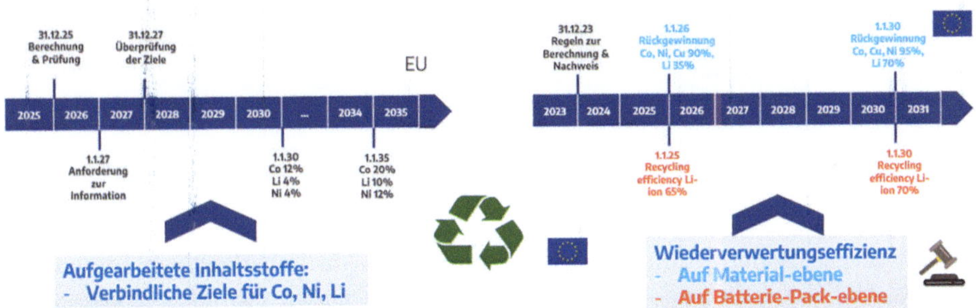

Abb. 12. Zeitplan der Einführung Rückgewinnungsquote und Einsatz in der Fertigung

6 Nachhaltiges Batteriemanagement hin zur Kreislaufwirtschaft

Um die Nachhaltigkeitsziele zu erreichen, muss der gesamt Lebenszyklus der Batterie organisiert und optimiert werden. Erste Schritte dazu wurden bereits im Jahr 2012 in Rüsselsheim unternommen. Nach der Markteinführung des Opel Ampera wurde ein Zentrum zur Batterieaufarbeitung errichtet. Dort werden seit dieser Zeit Batterien aus Elektrofahrzeugen aufgearbeitet. Bei einem Problem im Batteriesystem erhalten Kunden eine geprüfte Batterie mit gleich guter oder besserer Leistungsfähigkeit wie die ersetzte Batterie (Abb. 13).

6.1 Kreislaufwirtschaft

Stellantis hat einen Geschäftsbereich Kreislaufwirtschaft (Circular Economy) etabliert um die Schritte Reparatur (RE-PAIR), Aufarbeitung (RE-MAN), Wiederverwendung (RE-USE) and Wiederaufbereitung (RE-CYCLE) zu organisieren.

In einem Netzwerk von e-Repair Zentren können Elektrofahrzeuge von Fachleuten mit Spezialwerkzeug diagnostiziert und repariert werden. Batterie Aufarbeitung bestehend aus Fehleranalysen, komplexeren Batteriereparaturen und einer Qualifikation als Ersatzteil werden im Battery Expertise Center in Rüsselsheim durchgeführt. Die Qualifikation für die weiter Verwendung besteht unter anderem aus der Messung der Kapazität aller Zellen und der Bestimmung des Innenwiderstandes. Während der Gewährleitungsdauer von 8 Jahren oder 160.000 km erhalten Kunden eine aufgearbeitete Batterie im

Abb. 13. Überblick zum Lebenszyklus der Batterie am Beispiel Ampera 2011

Austausch. Die Batterie-Aufarbeitung unterstützt die Verfügbarkeit von Ersatzteilen nach Auslauf der Fahrzeug- und Batterieproduktion. Durch die lange Nutzung der Batterien wird die Umweltbilanz des Produktes verbessert (Abb. 14).

Abb. 14. Batterie Aufarbeitung

Sollten Fahrzeuge verschrottet werden so sollten Sie entsprechend der Altauto Verordnung recycelt werden. Die Batterien sind dabei nach der gültigen Batterien Richtlinie 2006/66/EG und in Zukunft nach der neuen Batterie Verordnung zu behandeln. Sollten Batterien noch über ausreichend Kapazität und Leistungsfähigkeit verfügen so kann eine Umwidmung oder Verwendung in anderen Anwendungen geprüft werden. Die alternative Verwendung von automobilen Batteriesystemen in stationären Anwendungen wurde innerhalb von Stellantis in verschiedenen Pilot Projekten entwickelt und untersucht. Beispielhaft sei hier das Projekt zur Entwicklung eines Energiespeichers für die Lade-Infrastruktur im Fahrzeugtestbereich dargestellt. Im Rahmen des Projektes e-Mobility lab Hessen wurde in einem 12 m Container ein modularer Energiespeicher für die Nutzung von 18 gebrauchten Batteriesystemen des Opel Ampera konstruiert, entwickelt und gebaut. Das System kann bis zu 300 kWh elektrische Energie speichern und damit 8 Ladepunkte mit bis zu 22 kW versorgen. Es können Batterien mit unterschiedlichem Alter oder Abnutzung mit individueller Regelung eingesetzt werden (Abb. 15).

Abb. 15. Entwicklung und Aufbau eines Energiespeichers basierend auf E-Auto Batterien

Das System erlaubt die Einrichtung von 8 Ladepunkten an einem Ort mit begrenzter Leistung aus dem Stromnetz. Damit können Kosten für den Bau einer neuen, stärkeren Stromleitung vermieden oder aufgeschoben werden. Möglich ist auch die Speicherung von lokal erneuerbar erzeugter Energie wenn keine Fahrzeuge vor Ort geladen werden müssen (Abb. 16).

Abb. 16. Energiespeicher puffert Energie zum Laden von Elektrofahrzeugen

Die Pilot-Projekte zeigen, dass die Nutzung gebrauchter Elektrofahrzeugbatterien möglich ist, jedoch ist eine Nutzung als Ersatzteil in Fahrzeugen die deutlich häufigere und wirtschaftlich attraktiver. Aktuell stehen nur wenige Batterien für die sogenannte

„2nd life“ Anwendung zur Verfügung. Langfristig könnten Batterien aus der Altautoverwertung möglichweise verfügbar werden, dafür müssten Anwendungen für Packs- und Module entwickelt werden, die aber in Konkurrenz zu stationären Batteriesystemen stehen mit neuen Batteriemodule stehen. Im Stellantis Konzern Stellantis wird das Joint-Venture Free2Move eSolutions für die Geschäftsbereiche Wiederverwendung und Ladeinfrastruktur verantwortlich.

6.2 Recycling von Batterien

Wenn Antriebs-Batterien aus Fahrzeugen nicht mehr funktionsfähig sind, müssen diese zerlegt und einer effizienten stofflichen Verwertung zugeführt werden. Dazu ist das Sammeln der Batterien an den Standorten der Altautoverwertung und bei Reparaturbetrieben notwendig. Dazu kämen dann in Zukunft die Batterien aus der Widerverwendung oder Umwidmung. Eine „Deaktivierung“ durch elektrisches Entladen kann die Effizienz des Verfahrens zur Materialrückgewinnung erhöhen. Durch die Demontage der Batteriesysteme können große Baugruppen sortiert und einige Teile dem klassischen Metallrecycling für Stahl oder Aluminium (Gehäuse) und Kupfer (Stromschienen, Leitungen) zugeführt werden. Die Batteriemodule oder Batteriezellen können nach vorheriger Entladung unter Schutzmaßnahmen in einem mechanischem Schredderverfahren zerkleinert und sortiert werden. Ein Produkt dieses Schrittes ist die schwarze Masse (Black-Mass) welche die Elektrodenmaterialien enthält. Aus der schwarzen Masse können mit Hydrometallurigschen Verfahren die Rohstoffe Lithium, Kobalt, Nickel und Mangan gewonnen werden. In wissenschaftlichen Forschungsarbeiten, wie zum Beispiel den Projekten Lithorec 1 und Lithirec 2 in Deutschland, wurden effiziente Recyclingverfahren entwickelt und demonstriert (Abb. 17).

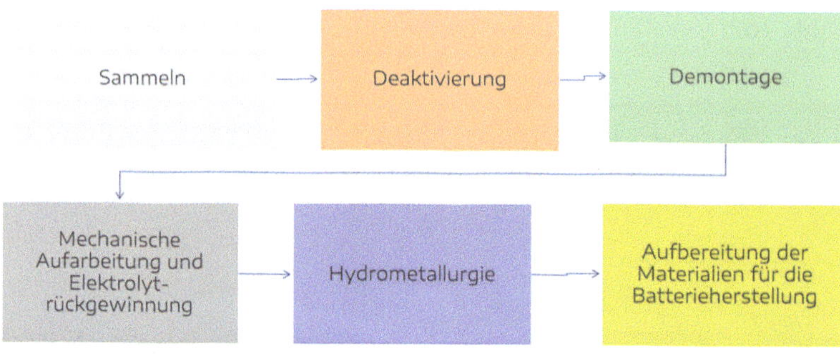

Abb. 17. Beispielhafte Schritte des Batterierecyclings

Für das Recycling stehen unterschiedliche Prozessrouten zur Verfügung. Diese unterscheiden sich in Energieeffizienz, Materialrückgewinnungsgrad und der Industrialisierung. Möglich sind Verfahren mit Pyrolyse oder vorheriger Deaktivierung. Die Verfahren müssen Richtwerte zu Abgas-Emissionen und Abwasserreinigung erfüllen. Die angekündigten Anforderungen der EU-Batterie Verordnung und die geplanten Produktionsvolumen der Batterien erfordern Ausbau und Verbesserung der Verfahren zur Materialrückgewinnung (Abb. 18).

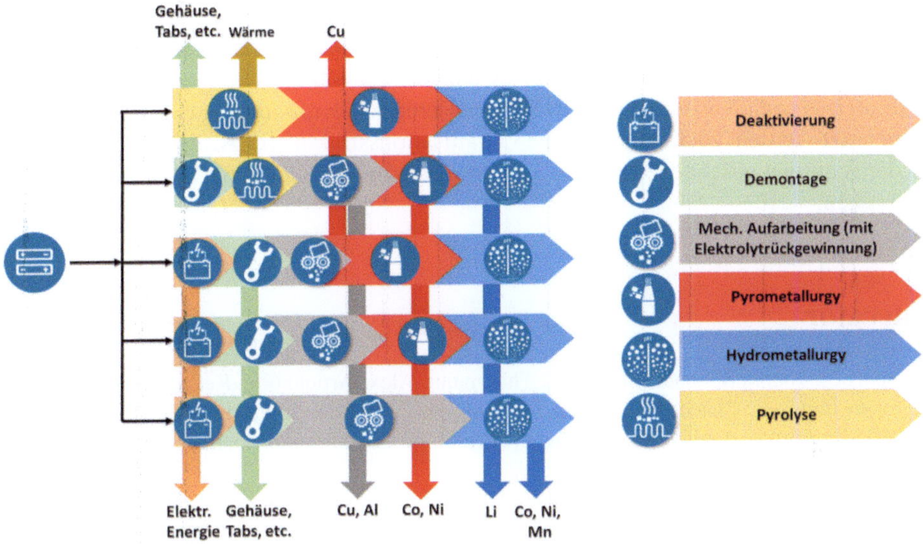

Abb. 18. Prozessrouten für das Recycling von Lithium-Ionen-Batterien

Stellantis führt das Recycling der Lithium-Ionen-Batterien im ersten Schritt mit akkreditierten Recyclingfirmen durch. Für den 2. Schritt sollen Recyclinganlagen in Partnerschaft mit Fachfirmen in Europa und Nord Amerika aufgebaut werden (Abb. 19).

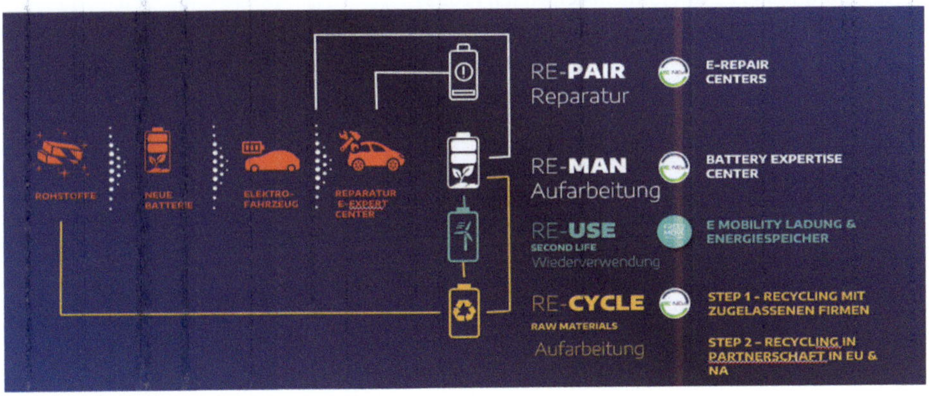

Abb. 19. Kreislauf Strategie für Fahrzeugbatterien

7 Zusammenfassung

Stellantis entwickelt 4 elektrische Fahrzeugarchitekturen für Europa und Nordamerika und wird, entsprechend der Rahmenbedingungen das Angebot an Eletkrofahrzeugen stark erhöhen. Mit der Doppelstrategie der Batteriechemie können unterschiedliche Kundenanforderung erfüllt werden und der Materialbedarf für kritische Rohstoffe wie Cobalt, Lithium und Nickel reduziert werden. Die neuen, kommenden gesetzlichen Anforderungen zur Nutzung und Materialrückgewinnung erfordern, dass zukünftig Nickel, Kobalt, Lithium und Kupfer aus Batterien nach Nutzung zu hohen Prozentsätzen wieder für die Batterieproduktion genutzt werden. Stellantis hat eine Organisationsstruktur für Kreislaufwirtschaft der Batterien geschaffen. Für das Recyling werden Einrichtungen in Partnerschaft geplant.

Literatur

1. Neef, Christoph; Schmaltz, Thomas ; Thielmann; Alex; Article title. Recycling von Lithium-Ionen-Batterien: Chancen und Herausforderungen für den Maschinen- und Anlagenbau; Kurzstudie im Auftrag der IMPULS-Stiftung (Stiftung für den Maschinenbau, den Analgenbau und die Informationstechnik, Karlsruhe, (2021)
2. Europäische Kommission, EUROPÄISCHE KOMMISSION: Vorschlag für eine VERORDNUNG DES EUROPÄISCHEN PARLAMENTS UND DES RATES über Batterien und Altbatterien, zur Aufhebung der Richtlinie 2006/66/EG und zur Änderung der Verordnung (EU) 2019/1020, Bundesrat, Drucksache 775/20
3. Doose, S., Mayer, J.K., Michalowski, P., Kwade, A.: Challenges in ecofriendly battery recycling and closed material cycles: A perspective on future lithium battery generations. metals, 11, 291. https://doi.org/10.3390/met11020291 (2021)
4. Stellantis EV Day, Stellantis EV Day 2021 | Stellantis (2021)
5. LANCELLE BELTRAN, E.; BEV Battery challenges for mass market; HdT Con-gress Advanced Battery Power, Muenster March (2022)
6. Dare Forward: Stellantis' Blueprint for Cutting-Edge Freedom of Mobility | Stellantis (2030)

Design und Betriebsstrategie – Kernelemente eines nachhaltigen Batterielebenszyklus

Dr. Alexander Kohs(✉), Matthias Medger, und Robin Brachtendorf

Bertrandt Technikum GmbH, Birkensee 1, 71139, Ehningen, Deutschland
{alexander.kohs,matthias.medger,
robin.brachtendorf}@bertrandt.com

Zusammenfassung. Die zunehmende Marktdurchdringung batterieelektrischer Fahrzeuge führt dazu, dass der weltweite Bedarf an Lithium-Ionen-Batterien weiter ansteigen wird. Durch die hohe Anzahl der sich im Umlauf befindlichen Batteriezellen rückt die Notwendigkeit einer Circular Economy in den Fokus. Darüber hinaus gewinnt die Entwicklung von Batteriekonzepten und Betriebsstrategien, welche den gesamtheitlichen Batterielebenszyklus nachhaltig gestalten, immer stärker an Bedeutung. Die Reduktion des CO2-Fußabdrucks bei der Produktion, die Verlängerung der Batterielebensdauer und die Realisierung eines geschlossenen Materialkreislaufs sind nur einige Herausforderungen, die es als Maßnahmen gegen den Klimawandel zu lösen gilt. Gleichzeitig bietet ein nachhaltiger und verlängerter Batterielebenszyklus das wirtschaftliche Potential, die Gesamtkosten über die Nutzungsdauer der Batterie zu reduzieren.

Bertrandt hat ineinandergreifende Engineeringleistungen entlang des erweiterten Batterielebenszyklus entwickelt und zeigt Lösungen auf, die einen entscheidenden Entwicklungsschritt zu mehr Nachhaltigkeit durch die Second-Life-Nutzung und ein smartes Recycling ermöglichen. Zentrale Elemente für die Maximierung der Lebensdauer sind dabei ein auf die Weiterverwendung und das Recycling optimiertes Batteriedesign sowie eine intelligente Betriebsstrategie des Hochvolt-Speichers, welche die Nutzungsphase im Fahrzeug bei vorhersagbarer Performance verlängert. Neben der kontinuierlichen Erfassung und Analyse von Batteriemessdaten für die Optimierung der Betriebsparameter, liegt das Augenmerk besonders auf der Entwicklung von Batteriemodellen, welche je nach Datenlage empirisch, mathematisch oder mit Hilfe von künstlicher Intelligenz erstellt werden können.

Schlüsselwörter: Nachhaltiger Batterielebenszyklus · Batterie-Design · Betriebsstrategie

A. Heintzel (Hrsg.): EFPWRT 2022, Proceedings, S. 121–130, 2023.
https://doi.org/10.1007/978-3-658-42553-1_10

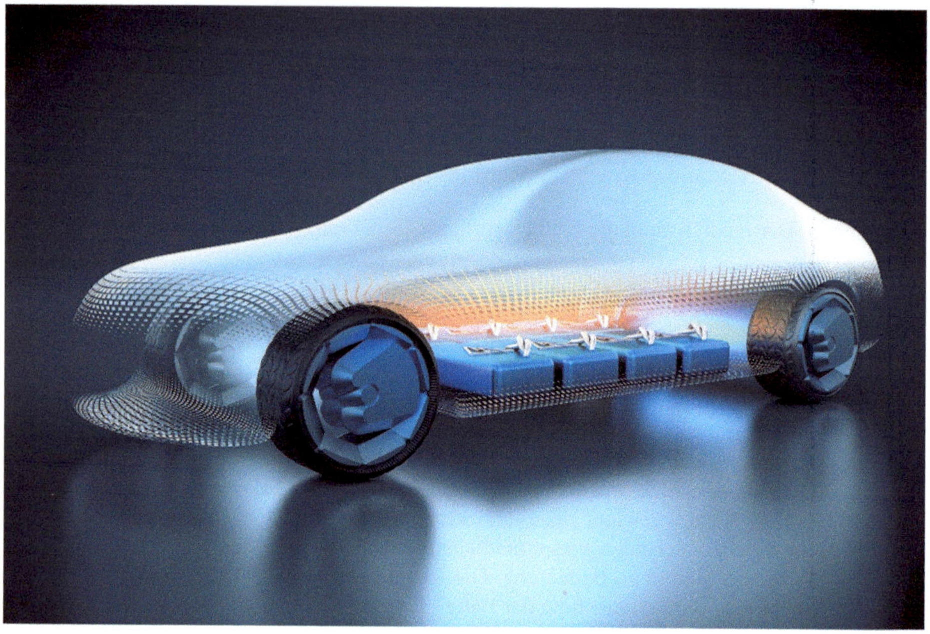

1 Technologischer Ausblick

Getrieben durch den Klimawandel und die Notwendigkeit, den globalen CO2-Ausstoß zu reduzieren, hat sich die Automobilindustrie auf die Entwicklung von Elektrofahrzeugen ausgerichtet. Um eine weitreichende Akzeptanz der Elektromobilität bei den Kunden zu etablieren, muss sich das Elektrofahrzeug mit den Leistungsdaten von konventionellen Fahrzeugen messen. Dabei spielen besonders die Kriterien Systemleistung, Ladegeschwindigkeit, Reichweite und Effizienz eine entscheidende Rolle. Diese Anforderungen werden maßgeblich durch die Auslegung des Batteriesystems definiert. Während für hohe Lade- und Entladeleistungen möglichst performante Batteriezellen benötigt werden, gilt es für eine hohe Reichweite und eine effiziente Nutzung die Energiedichte der Batteriezellen zu steigern. Die prognostizierten Reichweiten und Energiedichten zukünftiger Systeme sowie der kontinuierlich steigende Absatz von Elektrofahrzeugen sind ein Indiz dafür, dass die Technologie der Batterie bereits weit fortgeschritten ist und sich schnell weiterentwickelt, **Abb. 1**.

Betrachtet man die ganzheitliche Entwicklung der Elektromobilität ergeben sich hingegen ökologische sowie ökonomische Herausforderungen, die es in Zukunft zu lösen gilt. Unter anderem wird die Anzahl der in den Markt gebrachten Batterien Dimensionen erreichen, die ein wirtschaftliches Recycling im industriellen Maßstab notwendig machen. Zudem steigen die Anforderung an die Leistungsbereitstellung der Infrastruktur, was eine zunehmende Belastung des Stromnetzes mit sich führt. Da bis zum Jahr 2050 die vollständige Abdeckung des Energiebedarfs durch erneuerbare Energien möglich ist und angestrebt wird, müssen zusätzlich Lösungen für die Speicherung der Energie entwickelt werden [2].

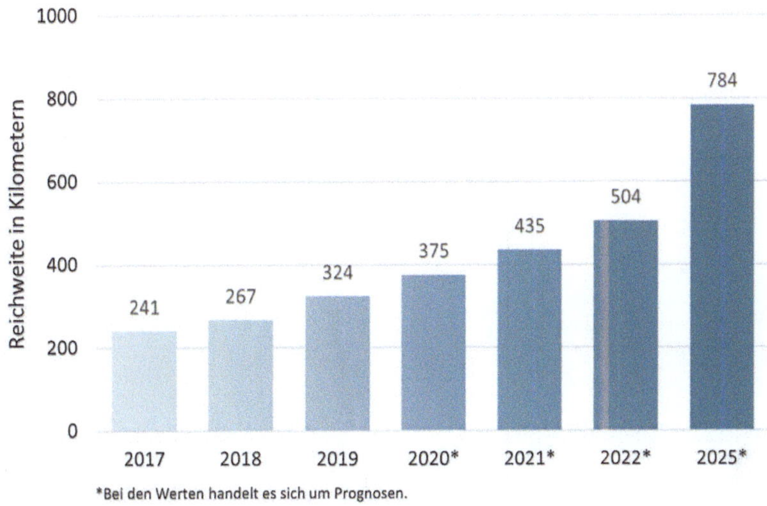

Abb. 1. Entwicklung der Reichweite von Elektrofahrzeugen [1]

In den folgenden Abschnitten wird beschrieben, wie der Batterielebenszyklus durch die Kernelemente Batteriedesign und Betriebsstrategie nachhaltig gestaltet werden kann und Synergien durch die Verwendung von Batterien im Second Life genutzt werden können.

2 Nachhaltigkeit bei der Batterieentwicklung

2.1 Der erweiterte Batterielebenszyklus

Das nachhaltige Produktleben eines Hochvolt-Speichers kann anhand eines geschlossenen Batterielebenszyklus beschrieben werden, **Abb. 2**. Dieser beginnt mit der Entwicklung und Produktion des Batteriesystems. In der Entwicklungsphase wird das Batteriesystem in erster Linie an die Anforderungen für den Einsatz im Fahrzeug angepasst und das Design hinsichtlich einer wirtschaftlichen Produktion optimiert. In der anschließenden Hauptnutzungsphase (First-Life) wird der Hochvolt-Speicher im Fahrzeug verwendet. Bedingt durch die Zyklisierung der Batteriezellen und die kalendarische Alterung verringert sich im Verlauf der Nutzungsphase die zur Verfügung stehende Kapazität der Batterie. Da die Effizienz in der mobilen Anwendung stark von einer hohen gravimetrischen Energiedichte abhängt, ist die Verwendung der Batterie ab einer Restkapazität von etwa 80 % nicht mehr sinnvoll. Kann die Batterie die Leistungsanforderungen des Fahrzeugs aufgrund des Alterungszustandes nicht mehr vollumfänglich erfüllen, wird sie daher durch das Re-Manufacturing für die Second-Life-Nutzung in einer stationären Anwendung vorbereitet. Aus wirtschaftlichen und ökologischen Gesichtspunkten können diese Batterien nach der Erstanwendung beispielsweise als Großspeicher im Stromnetz eingesetzt werden. Dort können die Batterien die überschüssige Energie aus erneuerbaren Energiequellen speichern und bei einer hohen Netzauslastung einspeisen.

Erst nach einer solchen Weiterverwendung im Second-Life werden die wertvollen Materialien der Batterie durch das finale Recycling dem Materialkreislauf zurückgeführt und stehen so der Produktion neuer Batteriezellen zur Verfügung.

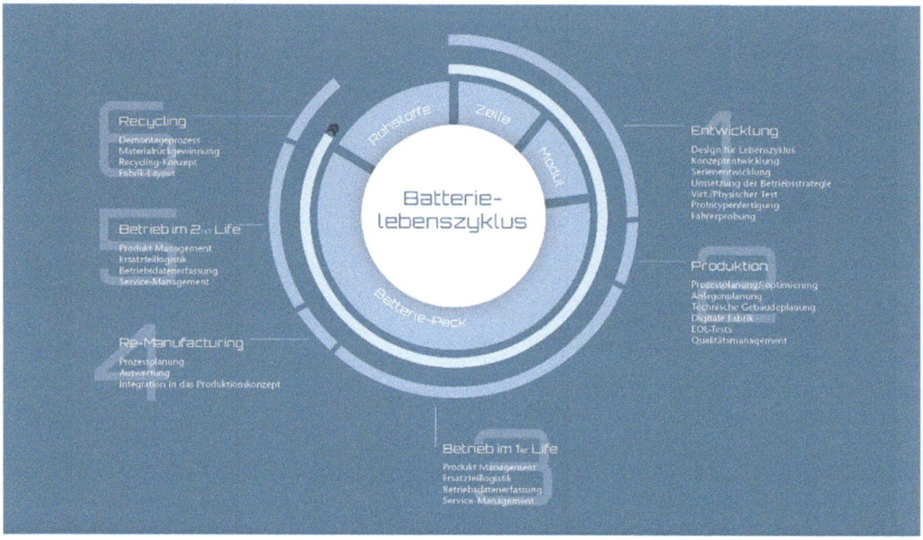

Abb. 2. Batterielebenszyklus – von der Entwicklung bis zum Recycling. (© Bertrandt)

Neben dem ökologischen Aspekt kann durch den beschriebenen Batterielebenszyklus ebenfalls ein wirtschaftlicher Vorteil generiert werden, da die Kosten des Batteriesystems über die verlängerte Nutzungsdauer der Batterie reduziert werden. Zudem wirkt der geschlossene Materialkreislauf der Ressourcenknappheit entgegen, wodurch die Kosten für die wertvollen Rohstoffe der Batterie gesenkt werden können. Als Voraussetzung zur Realisierung des nachhaltigen Batterielebenszyklus ist es zwingend erforderlich, neben der Produktion und der ersten Nutzungsphase der Batterie im Fahrzeug, die Phasen Re-Manufacturing, Second-Life und Recycling bereits in der Entwicklung des Batteriesystems mit zu berücksichtigen. Als Kernelemente sind hier die Entwicklung eines optimierten Batteriedesigns sowie die intelligente, anpassbare Betriebsstrategie zu nennen.

2.2 Nachhaltigkeit beginnt mit dem Batteriedesign

Das Batteriedesign wird bereits in der frühen Entwicklungsphase der Batterie entsprechend den Nutzungsanforderungen definiert. Die Auslegung der Batterie für den späteren Re-Manufacturing- und Recycling-Prozess muss demnach früh im Entwicklungsprozess berücksichtigt werden. Entscheidend für eine wirtschaftliche Weiterverwendung der Batterie ist eine einfache und standardisierte Demontierbarkeit nach dem First- und Second-Life. Im Fokus der Entwicklung steht dabei unter anderem die Verwendung lösbarer oder trennbarer Verbindungen überall dort, wo es technisch umsetzbar ist. Das Verkleben der Batteriezellen untereinander bzw. des Batteriemoduls im Batteriepack erschwert den automatisierten Demontageprozess und sollte somit möglichst vermieden werden. Im Bereich der Zellkontaktierung stellt das Laserschweißen den Stand der Technik dar. Dieses Verfahren ist hoch automatisierbar, ermöglicht eine sichere Kontaktierung mit geringem elektrischem Widerstand und kann auf verschiedene Zellformate angewendet werden. Ein späterer selektiver Austausch von Batteriezellen im Zuge des Re-Manufacturing ist bei diesem Verfahren nicht ohne weiters möglich. Daher müssen bereits im Entwicklungsprozess Trennmöglichkeiten vorgesehen werden bzw. alternative Methoden zur Kontaktierung, beispielsweise Schrauben oder Verpressen, entwickelt werden. Die Verringerung und Standardisierung der Schnittstellen zwischen den einzelnen Bauteilen der Batterie stellen einen weiterer Lösungsansatz für ein nachhaltiges Batteriedesign dar. In Kooperation mit der voestalpine Stahl GmbH hat Bertrandt eine skalierbare Batterieplattform entwickelt, in welcher die Standardisierung der Montageschnittstellen erfolgreich umgesetzt wurde [3]. Durch das skalierbare Design kann die Batterie an unterschiedliche Batteriegrößen und Leistungsanforderungen angepasst werden. Darüber hinaus konnten durch die Verwendung von Stahl als Gehäusematerial bei der Produktion ca. 85 bis 95 % CO_2-Emissionen im Vergleich zu Aluminium eingespart werden. Da Stahl ohne Qualitätseinbußen wiederverwendet werden kann bietet das Material auch bei dem Recyclingprozess Vorteile. Im Vergleich zu einem Gehäuse aus Aluminium kann ein Stahlgehäuse bei gleicher Steifigkeit und Festigkeit wesentlich kompakter gestaltet werden. Der eingesparte Bauraum steht somit für weitere Batteriezellen zur Verfügung, wodurch die Energiedichte des Hochvolt-Speichers gesteigert werden kann, **Abb. 3**[4].

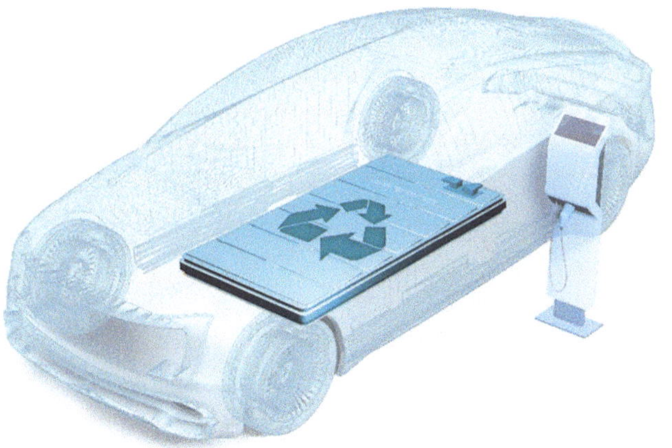

Abb. 3. Die skalierbare Batterieplattform wurde für einen nachhaltigen Batterielebenszyklus optimiert. (© Bertrandt)

Als weitere Optimierung der Bauraumnutzung verfolgt Bertrandt den Designansatz „Cell-to-Pack". Indem die Modulebene des Batteriesystems übersprungen wird, entfällt das Modulgehäuse und der freiwerdende Bauraum kann für großformatige Batteriezellen bereitgestellt werden. Einen wesentlichen Faktor für die Verlängerung der Batterielebensdauer stellt eine ausreichend dimensionierte und intelligente Temperierung der Batteriezellen dar. Neben der Betriebsstrategie ist ein durchdachtes Design der Batteriekühlung bzw. -heizung essenziell für ein wirksames Temperaturmanagement. Je nach Kühlmedium (Flüssigkeit oder Luft) ergeben sich dabei unterschiedliche Anforderungen hinsichtlich der Durchströmung und Abdichtung. Um die Effizienz des Thermomanagements zu erhöhen, wird angestrebt, die Kühlung möglichst nahe an den Temperatur-Hotspots der Batteriezellen zu platzieren. Bei Lithium-Ionen-Zellen ist die Anbindung des Kühlsystems an die Batterieterminals über Wärmeleitpads eine gute Variante, um eine direkte Ableitung der Wärme aus der Batteriezelle zu ermöglichen [5]. Für die Weiternutzung der Batterie im Second-Life ist es sinnvoll, auch das Thermomanagement weiter nutzen zu können. Dazu sollte dieses über standardisierte Schnittstellen verfügen, damit das Batteriesystem ohne große Anpassungen in die neue Umgebung der Second-Life-Anwendung integriert werden kann. Gleiches gilt für die elektrischen Schnittstellen der Hochvolt-Batterie. Durch die Standardisierung der elektrischen Schnittstellen von Batteriesystemen ergeben sich Vorteile für die Second-Life-Anwendung, da Hochvolt-Speicher aus unterschiedlichen Fahrzeugderivaten mit geringem Aufwand in der gleichen Anwendung genutzt werden können. Als Ergänzung zu den standardisierten Schnittstellen hat Bertrandt im Rahmen einer Forschungsarbeit Untersuchungen zur Modularisierung der Elektrik-/Elektronik-Architektur angestellt. Ziel der modularen EE-Architektur ist es, unterschiedliche Leistungsanforderungen und Funktionsumfänge des Batteriesystems durch den einfachen Austausch von EE-Komponenten als Modulbausteine zu realisieren. So wird der Aufwand der Transformation von der First-Life-Anwendung im Fahrzeug in die Second-Life-Anwendung reduziert.

3 Maximierung des Nutzwerts durch eine intelligente Betriebsstrategie

3.1 Entwicklung von Batteriemodellen

Neben dem demontagefreundlichen Batteriedesign, welches im Wesentlichen den Re-Manufacturing- und Recycling-Prozess vereinfacht, spielt die Entwicklung einer intelligenten Betriebsstrategie besonders für die Verlängerung der Batterielebensdauer eine entscheidende Rolle. Die intelligente Betriebsstrategie fußt auf einer kontinuierlichen Datenerfassung und ermöglicht so die fortlaufende Analyse des Batteriezustands. Kernelement der intelligenten Betriebsstrategie ist die Entwicklung von Batteriemodellen, die je nach Datenlage entweder empirisch, mathematisch oder mit Hilfe künstlicher Intelligenz erzeugt werden können. Batteriemodelle, welche in der Praxis angewendet werden, sind beispielsweise das elektrochemische Modell, das ErsatzschaltBildmodell und das mathematische Modell. Dabei unterscheiden sich die Batteriemodelle hinsichtlich ihrer Komplexität und Genauigkeit. Für den Einsatz im Fahrzeug bietet sich vorrangig das Ersatzschaltbildmodell an, da dieses einen guten Kompromiss aus Rechenintensivität und Genauigkeit bietet. Unter Berücksichtigung variierender Einflussfaktoren lassen sich Voraussagen über die Lebensdauer der Batterie treffen, **Abb. 4**. Durch das Aufzeichnen und Auswerten von generierten Felddaten gelingt es, die Batteriemodelle mittels multipler Regression kontinuierlich zu verbessern [6]. Mithilfe des Batteriemodells ist es unter anderem möglich, die lastprofilabhängige Alterung der Batterie vorherzusagen.

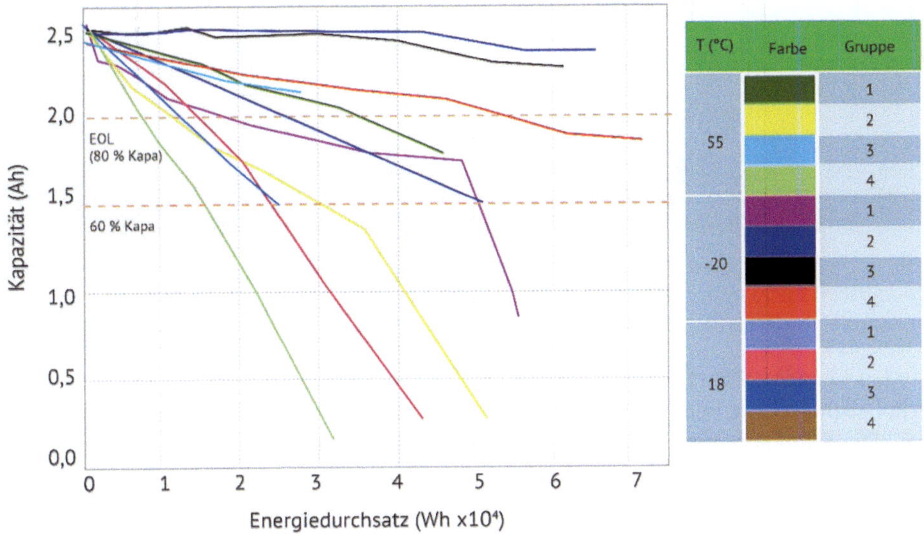

Abb. 4. Kapazitätsverlust von Batteriezellen durch die Alterung mit unterschiedlichen Einflussfaktoren.[6]

Anhand der Daten aus den Batteriemodellen und dem Abgleich mit den Daten aus dem Batteriesystem im Fahrzeug lässt sich eine optimierte Betriebsstrategie ableiten. Mit dieser können die Betriebsparameter gesteuert und so die Lebensdauer der Batterie verlängert werden. Beispiele für Betriebsparameter sind der Lade- und Entlade-Hub (Depth of Discharge), der Ruhe-State-of-Charge (Ruhe-SoC), die Ladeleistung oder die Temperierung der Batterie.

3.2 Implementierung der intelligenten Betriebsstrategie im Fahrzeug

Für die Verlängerung des Batterielebenszyklus muss stets die optimale Betriebsstrategie der Batterie im Fahrzeug zur Verfügung stehen. Die Übertragung der Batteriedaten aus dem Fahrzeug an das Backend sowie die Übermittlung der passenden Betriebsstrategie geschehen typischerweise Over-the-Air. Durch das Aufzeichnen und Analysieren der realen Batteriedaten lassen sich die Alterungsmodelle der Batterien weiter verbessern, wodurch eine kontinuierliche Optimierung und Anpassung der Betriebsstrategie erreicht wird, **Abb. 5**.

Für die Automobilhersteller bietet die Einsicht in die Batteriedaten die Möglichkeit, stets den optimalen Business-Case der Batterie zu ermitteln und den Übergang zwischen der First- und Second-Life-Anwendung zeitlich zu bestimmen. Die Nutzungsdauer der Batterie ist im Wesentlichen durch die Alterung der Batteriezellen begrenzt. Die Alterung der Zellen kann in die zyklische und die kalendarische Alterung aufgeteilt werden, zu deren Verzögerung jeweils unterschiedliche Betriebsstrategien angewandt

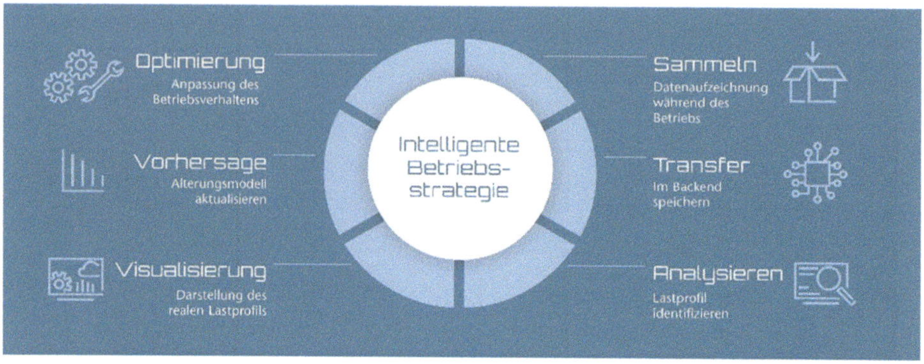

Abb. 5. Verlängerung der Batterielebensdauer durch die kontinuierliche Optimierung der intelligenten Betriebsstrategie. (© Bertrandt)

werden können. Während der Nutzung des Fahrzeugs kann die Lebensdauer der Batterie beispielsweise erhöht werden, indem die Lade- und Entlade-Hübe verringert werden. Die Fähigkeit zum Schnellladen steigert die Attraktivität des Elektrofahrzeugs, stellt jedoch eine hohe Belastung der Batteriezellen dar. Hinsichtlich einer nachhaltigen Betriebsstrategie ist daher eine Aufladung der Batterie mit niedrigeren Ladeleistungen anzustreben, etwa indem die Laderate exakt an die Standzeit des Fahrzeugs angepasst wird. Während der gesamten Nutzung muss eine ausreichende Temperierung der Batterie durch das Thermomanagement sichergestellt werden, da die Alterung der Batteriezellen bei hohen Temperaturen beschleunigt wird. Um den maximalen Mehrwert aus dem Temperaturmanagement zu generieren, kann die Abwärme der Batteriezellen beispielsweise für die Temperierung der Fahrgastzelle genutzt werden. Doch auch in der Phase, in der das Elektrofahrzeug längere Zeit nicht genutzt wird, kann die Batterielebensdauer durch eine intelligente Betriebsstrategie verlängert werden. Die Lagerung von Batteriezellen im vollgeladenen Zustand führt zu einer schnellen kalendarischen Alterung. Die intelligente Betriebsstrategie muss daher mit einer smarten Ladestrategie verknüpft sein, die den SoC während der Standzeit des Fahrzeugs niedrig hält und einen ausreichenden Ladestand für die nächste Fahrt sicherstellt. Optimiert werden kann diese Strategie zum einen durch die Fähigkeit des bidirektionalen Ladens im Zuge der Vehicle-to-Grid-Anbindung und zum anderen durch die Vernetzung des Fahrzeugs mit dem individuellen Nutzungsprofil des Fahrers. Mit dem Innovationscluster „Bertrandt Guide" ist es bereits gelungen, ein cloudbasiertes Backend aufzubauen, welches die aktuellen Fahrzeug- und Verkehrsdaten mit dem persönlichen Kalender, den Notizen, Erinnerungen und To-Dos in Echtzeit synchronisiert und somit die Integration einer intelligenten Betriebs- und Ladestrategie ermöglicht, **Abb. 6**.

Abb. 6. Die Übermittlung des Batteriestatus und der optimalen Betriebsstrategie geschieht Over-the-Air. (© Bertrandt)

4 Fazit

Die Elektromobilität bringt neben dem Potential zur klimafreundlichen Mobilität einigen Herausforderungen mit sich. Die hohe Anzahl benötigter Batterien führt in Zukunft zu einem hohen Ressourcenbedarf und bedingt einen weiteren Ausbau der Netzinfrastruktur, welche zunehmend mit erneuerbaren Energiequellen gespeist wird. Mit dem nachhaltigen Batterielebenszyklus werden durch das effiziente Recycling und die verlängerte Nutzungsphase der Batterie Lösungen aufgezeigt, welche Synergien zu den Problemstellungen Bilden. So kann dem steigenden Ressourcenbedarf mit einem geschlossenen Materialkreislauf entgegengewirkt werden. Mit der Weiterverwendung der Batterie im Second-Life ist es zudem möglich, die Energie aus erneuerbaren Energiequellen zu speichern und so das Stromnetz zu stabilisieren. Neben einem optimierten Batteriedesign stellen die Entwicklung von Batteriemodellen mit präzisen Alterungsvorhersagen, die Ableitung und Entwicklung intelligenter Betriebsstrategien sowie die Vernetzung mit dem Elektrofahrzeug große technische Herausforderungen dar. Mit dem „Center of Competence“ (CoC) hat Bertrandt eine Plattform geschaffen, in welcher die Kompetenzen der Experten aus den verschiedenen Bereichen von Elektronik, Design, Manufacturing bis hin zu After Sales gebündelt werden, um Lösungen entlang des Batterielebenszyklus entwickeln und anbieten zu können.

Literatur

1. Statista: https://de.statista.com/statistik/daten/studie/443614/umfrage/prognose-zur-reichweite-von-elektroautos/, abgerufen: 20.09.2022
2. Stiftung Energie und Klimaschutz: https://www.energie-klimaschutz.de/klimaschutz-mit-erneuerbare-energien-moeglich-und-notwendig/, abgerufen: 20.09.2022
3. Voestalpine: https://www.voestalpine.com/ultralights/Anwendungen/Batteriekasten, abgerufen: 20.09.2022
4. Skalierbare Batterieplattform mit Stahlgehäuse lässt sich einfach und effizient für verschiedene Baureihen anpassen, https://www.bertrandt.com/pressemitteilungen/skalierbare-batterieplattform-mit-stahlgehaeuse-voestalpine, abgerufen: 20.09.2022
5. Hunt, Ian A., et. al.: Surface Cooling Causes Accelerated Degradation Compared to Tab Cooling for Lithium-Ion Pouch Cells. Electrochemical Socienty, (2016)
6. Kohs, A.: Batteriemodell zur Prädiktion des Gesundheitszustands von Lithium-Ionen-Batterien (2022)

The tank system as an optimization factor for the total cost of ownership of hydrogen applications

Ryan Hassoun(✉) and Robert Stanek

P3 Group, Stuttgart, Germany
{ryan.hassoun,robert.stanek}@p3-group.com

Abstract. While battery-electric vehicles already account for almost 100 % of all alternative drive concepts in the passenger car sector today and in the medium term, the medium- to long-term future is open in other transport sectors. Here, concepts of purely battery-electric drives as well as hydrogen-based drives with fuel cells and hydrogen combustion engines continue to be discussed. One of the most important factors for the success of a drive technology, especially in commercial applications, is the total cost of ownership (TCO).

In the case of TCO in long-distance transport, fuel costs play a decisive role and account for the largest share of the cost per km. Therefore, in the use of hydrogen-based propulsion concepts, the cost of hydrogen procurement plays a central role, which in turn is determined in equal parts by hydrogen production costs and distribution costs (including the refueling station). The existing hydrogen refueling station network is essentially based on on-site liquid storage and uses high-capacity compressors to fill the high-pressure gas storage tanks (350 or 700 bar) of current hydrogen vehicles. The capital and operating costs of the compressors significantly determine hydrogen costs and have a corresponding impact on TCO performance. Storage systems based on in-vehicle liquid hydrogen storage can positively influence overall cost performance by modifying the refueling system accordingly and have an impact on the capital cost of the storage systems. This analysis examines and compares these cost effects in comparison to battery electric drives

Keywords: Total cost of ownership · Hydrogen storage · Hydrogen refueling

1 Hydrogen Economy as part of the energy transition

1.1 Private sector investment and government incentives for the green hydrogen market

The market for hydrogen is developing in a highly dynamic way: Many different players from different industries are entering the market and occupying different aspects of the value chain. Some to compensate for collapsing traditional business (e.g., mineral oil companies), others with the aim of expanding existing business models (e.g., industrial

A. Heintzel (Hrsg.): EFPWRT 2022, Proceedings, S. 131–147, 2023.
https://doi.org/10.1007/978-3-658-42553-1_11

gas manufacturers and energy companies) and still others in the sense of a market development strategy with the sale of existing or new products via new channels and to new markets (e.g., fuel cell manufacturers). In addition, automotive manufacturers are also actively participating in the business to continue to occupy technical alternatives and offer suitable CO2-neutral products, especially in the commercial vehicle market (e.g., Hyundai Hydrogen Mobility) (Fig. 1).

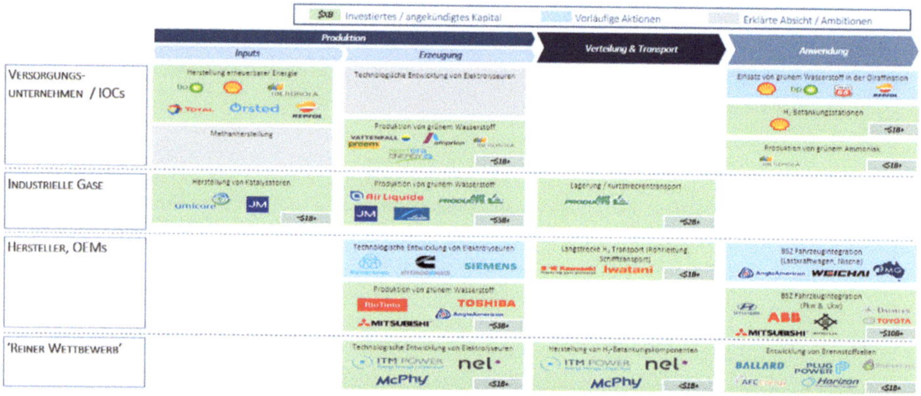

Fig. 1. Privat Investment activities into Hydrogen Economy

The development of a more diversified hydrogen economy, including not only hydrogen applications as a raw material for the chemical industry (e.g., in ammonia synthesis) but also, energy and transport applications, is currently being supported by a wide range of national and regional funding initiatives. Efficient optimization of the economic viability of hydrogen applications through subsidies, both for users and along the entire value chain, is being pursued. Since government subsidies differ in their concrete modalities regarding subsidy amount and area of application, different framework conditions are set for the implementation of hydrogen applications in international markets. Here, both government and private sector initiatives provide further incentives for the development and operation of hydrogen technologies and the market entry of new/additional players. This accelerated expansion offers new business potential from the perspective of industry, but also of the energy and transport sector (Fig. 2).

1.2 Decarbonize "hard to abate" chemical sector, spill over to energy sector with green hydrogen cost decrease

Market forecasts by IEA and IRENA assume a strong volume increase of the hydrogen market by 2050 to more than 300 Mt p.a. ("NetZero" scenarios assume even > 600 Mt p.a.) which corresponds to a tripling of the hydrogen demand that exists and that is today based on CO2 intensive grey hydrogen. This market growth is driven on the one hand by chemical applications that have no other option than to decarbonize with "green" hydrogen, such as ammonia synthesis or steel production. From a certain hydrogen price level, other hydrogen applications, such as in energy and transport, are also becoming relevant (Fig. 3).

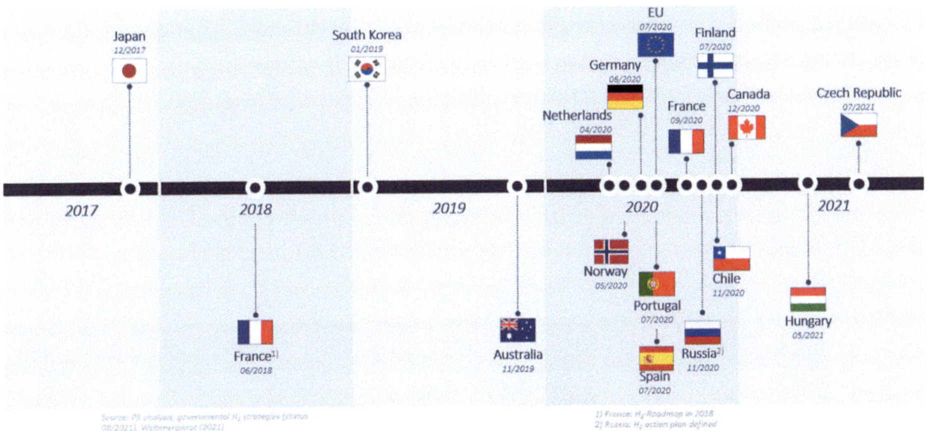

Fig. 2. Overview of hydrogen-related government initiatives

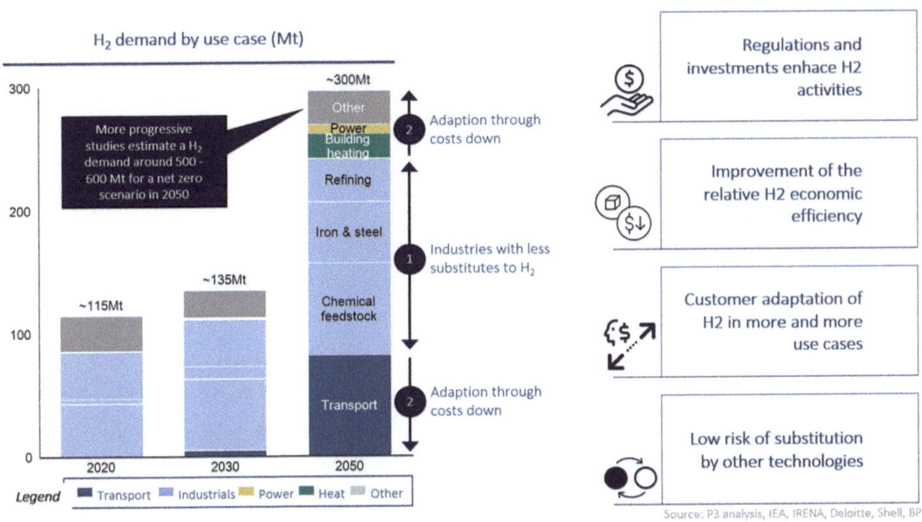

Fig. 3. Hydrogen demand and key applications

2 Hydrogen application in Energy and Mobility

2.1 Added value through technical features of fuel cell system for long range and logistics applications

The use of fuel cells and hydrogen-based technologies completes the opportunities for green power-based stationary and mobile energy applications. The characteristics of hydrogen-based applications compared to battery technology such as additional heat generation, higher weight-based energy density, and short recharge/ refuel times can act as complementary enablers to bring CO2-neutral energy to an even broader application than is currently occurring primarily in the passenger vehicle market. Therefore, when considering potential hydrogen users and markets, a broad mass of applications plays a role: from the passenger car market to the commercial vehicle and forklift market to stationary emergency power systems and combined heat and power plants. Hydrogen offers alternative or improved application conditions due to the properties already mentioned. In view of governmental and private CO2 restrictions and taxation, CO2 free alternatives play a role for more and more energy applications. By using hydrogen technologies, requirements from different areas such as high payload, power to weight ratio, high availability or combined heat & power can be addressed (Fig. 4).

Fig. 4. Hydrogen and Fuel Cells in Energy and transport

2.2 Economic factors for the use of fuel cell applications and total cost of ownership analysis

For the hydrogen market to scale into these applications, the development of the availability and the price of green hydrogen will be decisive as well as the cost development of fuel cell systems, the expansion and cost of hydrogen refueling infrastructure and available federal subsidies. All these factors can be evaluated in a total cost of ownership analysis and compared with alternative drive systems as battery electric or fossil combustion engines regarding their overall economic efficiency, as in this observation (Fig. 5).

Vehicle manufacturers such as Hyundai, but also new market participants such as Hyzon, are already integrating this approach into their business models by offering mobility models as providers of “turnkey solutions” that offer and are responsible for both the vehicle and the hydrogen supply on-road and off-road across the board (Fig. 6).

These “turnkey solution providers” determine the total cost of ownership by designing the business model, and ensure the availability of hydrogen for the customer, thus giving the customer the opportunity for a low-risk transition. In some cases, this results in requirements not only for the provision of vehicles, but also for the transport of hydrogen and, if necessary, the provision of local hydrogen filling stations at the customer’s site. In the vehicle, during hydrogen transport and storage at the hydrogen filling station, the storage/tank technology is of particular importance in terms of costs, cost reduction potential and handling.

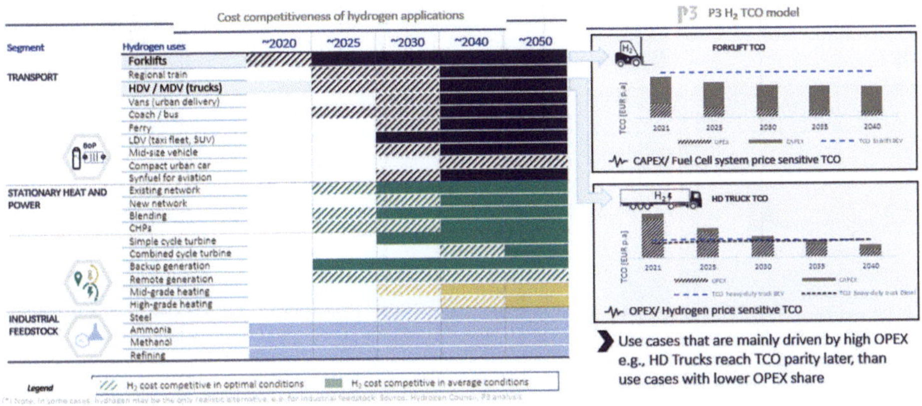

Fig. 5. TCO Parity and adoption potential Hydrogen council [23] and P3 model

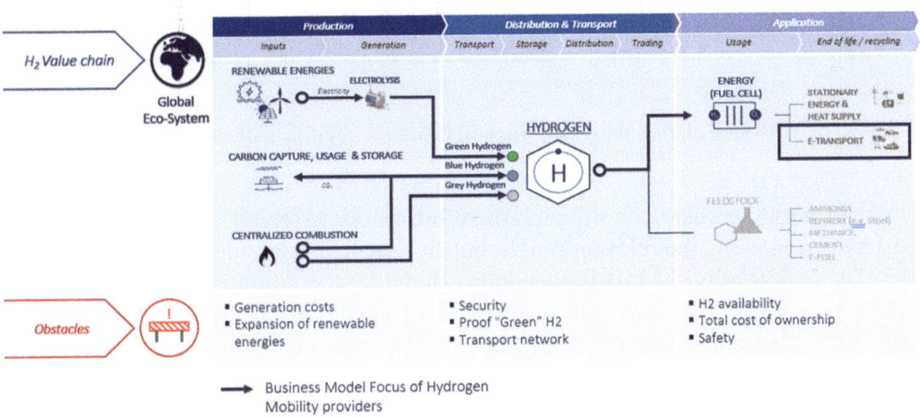

Fig. 6. Business Model Focus of Hydrogen Mobility Providers

2.3 The economic viability of delivery traffic depends on the price of hydrogen

For energy-intensive long-distance applications, such as long-distance delivery, the hydrogen or electricity purchase price is critical to the overall economics of the application. From hydrogen purchase costs in the range of 5 USD/ kg, the fuel cell application in the long-haul truck can achieve TCO parity with a battery electric drive under the condition that a purchase price of 41 ct/kWh is assumed for high power charging above 800 kW (HPC) of the batteries and half (50%) of the energy required in the year is charged at fast charging locations along the driving route. With further price reduction of hydrogen below 3 USD/ kg, TCO parity with the diesel price can be achieved and an improved economy per km compared to a pure battery electric vehicle can be reached (Fig. 7).

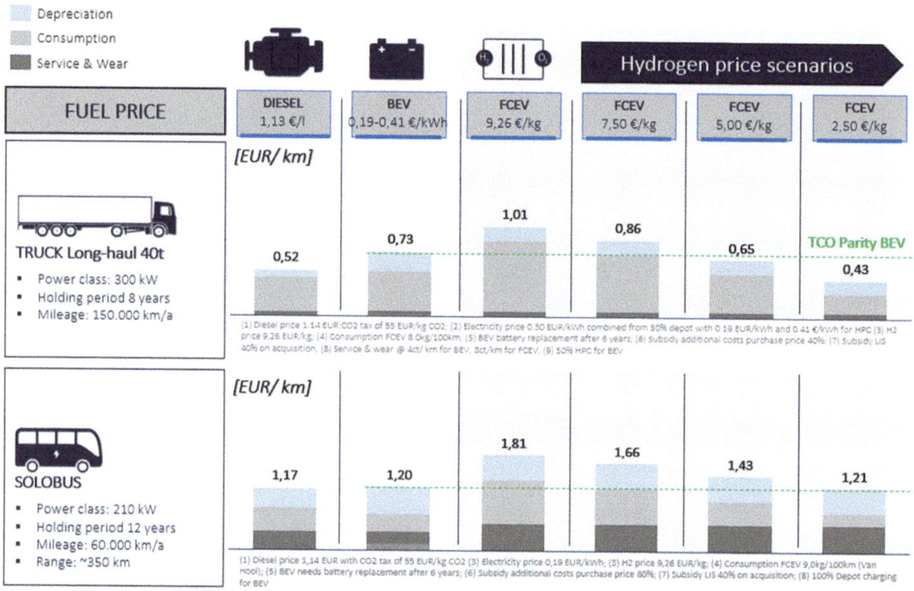

Fig. 7. TCO Calculation long haul truck in Germany, significance of Hydrogen Price

For an attractive customer offer, it is therefore crucial to secure not only the availability of hydrogen along the relevant routes, but also the hydrogen supply costs in the long term. The opportunity for this influence is offered by the "turnkey solution" business models described above, such as those offered by Hyundai Hydrogen Mobility, Hyzon or Plugpower (Material Handling). These suppliers are faced with the challenge of setting the entire value chain in motion at the same time, but in contrast they can influence all the levers of economic efficiency and possibly profit economically in the long term from the efficiency of their value chains. Furthermore, additional benefits can be obtained from individual, market-specific subsidies for green hydrogen production, transport and Hydrogen refueling infrastructure.

3 Zero-emission commercial vehicles and on-board hydrogen storage concepts

3.1 Vehicles in the truck sector and technical structure

In the field of long-haul trucks, the range of vehicles is currently limited to battery electric vehicles and a few hydrogen-powered variants. For battery electric the battery capacity ranges from about 400 kWh to 900 kWh [3]. For the TCO calculation a 650-kWh battery pack was chosen since it anticipates that larger battery packs will be offered as battery costs decrease and energy density increases. While battery electric vehicles are primarily limited to NMC-based lithium-ion batteries in terms of energy storage, different approaches exist in the field of fuel cell vehicles about hydrogen storage. Here, gas pressure tanks with pressure levels of 350 and 700 bar are being planned, as well as concepts for storing the hydrogen in liquid form on board, as in the example of the Daimler Gen 2 truck. Few fuel cell trucks are commercially available currently and OEM announcements are not clear on the technical specifications of the vehicles. Available information on the Daimler GenH2 and the Hyzon are depicted in Table 1. Following the initial launch of the model in 2019, Hyundai introduced the XCIENT Fuel Cell heavy-duty truck in June 2021. Since entering service on Swiss roads in October 2020, the fleet of 46 hydrogen fuel cell trucks has covered more than 1 Mio. km. The Hymax 450 Fuel Cell Truck models feature fuel cell power in the range of 240–400 kW. The specifications of the vehicles used in the model can also be found in the table below.

Table 1. Summary of the technical specifications of select commercially available and announced battery-electric and hydrogen fuel cell and derived vehicle setups for the TCO Model [3]

Model	Powertrain	Fuel Cell Power	Battery size	E-Drive	H2 tank size	Commercial availability
Freightliner eCascadia	BEV	–	475	373	–	Today
Volvo FH	BEV	–	540	490	–	Today
Kenworth T680E	BEV	–	396	500	–	Today
Peterbilt	BEV	–	396	500	–	Today
BYD TT	BEV	–	435	360	–	Today
Lion Electric Lion8	BEV	–	480	350	–	Today
IVECO-FPT-Nikola	BEV	–	780	480	–	2023
Futuricum Designwreck FH a	BEV	–	680–900	500	–	Limited
Nikola TRE	BEV	–	753	480	–	Unknown
Hyundai Xcient	FCEV	180	72	350	31 kg, 350 bar	Today
Hyzon Hymax 450	FCEV	240	140	450	65 kg, 350 bar	2023
Daimler – GenH2	FCEV	300	70	460	80 kg, liquid	2027
Toyota Kenworth T680	FCEV	226	12	500	40 kg, 700 bar	Limited
P3 BEV truck	BEV	–	700	350	–	–
P3 FCEV truck GH2	FCEV	250	85	350	80 kg, 350 bar	–
P3 FCEV truck LH2	FCEV	250	85	350	80 kg, liquid	–

3.2 Storage technologies for hydrogen in vehicles and cost assessment

Although batteries and fuel cell systems are complementary in many applications, they are often seen as competing technologies. Therefore, a comparison is unavoidable, especially from an economic perspective. Prices vary according to battery chemistry, but 295 USD/kWh [10] is a fair price estimate for a lithium-ion battery for truck applications. This value is also applied for the total cost of ownership analysis in Chap. 5, with a cost degression assumption of 4% per year. In the passenger car sector, battery costs are significantly lower at less than USD100/kWh, which is due to the already scaled market. Since both the scaling and technical properties, such as cycle stability, differ significantly from the car to the truck application, the cost difference arises. Compressed hydrogen tanks currently cost approximately 1250 USD/kg including tank system and related balance of plant components, such as regulators, valves, and piping systems [11, 12]. The hydrogen storage units using compressed cryo-genic liquid hydrogen may be the most attractive in terms of weight and volume, but at the present time they are the least developed and cost information is currently quite limited to basic studies such as [2, 8].

Compressed Gas Compressed gas is the established hydrogen storage technology. The Society of Automotive Engineers established the standard SAE J2600 on Compressed Hydrogen Surface Vehicle Fueling Connection Devices [8, 13], which should be applied to the "design and testing of Compressed Hydrogen Surface Vehicle (CHSV) fueling connectors, nozzles, and receptacles. Commercial fuel cell electric vehicles such as the Toyota Mirai and the Hyundai NEXO both rely on pressure vessels for onboard hydrogen storage and the current truck designs of Hyzon and Hyundai are based on this technology [8, 14]. Pressure vessels are classified according to types, where the use of Type IV tanks is the standard for mobile application. This is due to the comparatively good gravimetric energy density due to the use of carbon fiber enforcements to withstand the tank pressure.

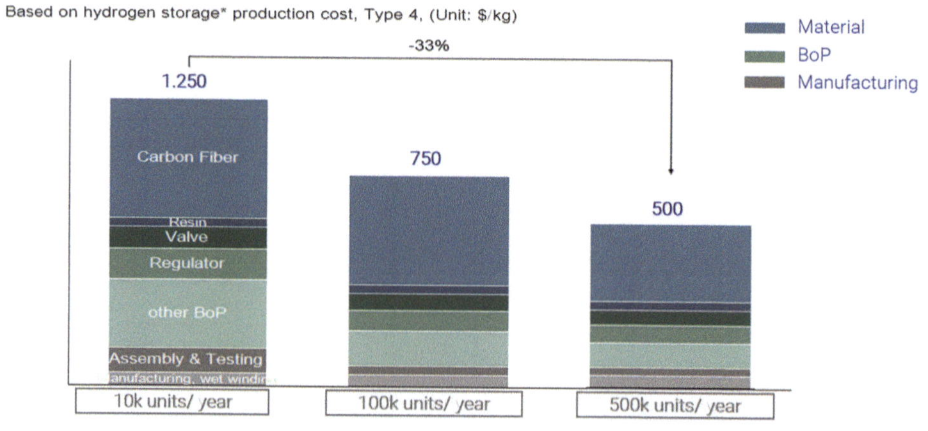

Fig. 8. Cost degression of hydrogen type IV tanks through scaling

Carbon fiber accounts for most of the raw materials costs. As shown in Fig. 8, the cost degressions for the tanks are limited by this material dependency. Demand for carbon fiber continues to grow, making it difficult to expect fall in unit price. For balance of plant (BoP) other than valve and regulator, material cost is expected to decrease significantly due to economies of scale achieved through increase in production facilities. Raw material cost expected to decrease due to improvement of facility design and launch of integrated equipment and components.

Liquid hydrogen storages are being developed for example by Chart Industries for use in hydrogen fuel cell long haul trucks [8]. The unit stores the hydrogen as a cryogenic liquid and contains an evaporator to gasify the liquid and deliver the H2 to the fuel cell at the proper inlet pressure and temperature needed for its operation. The inlet pressure and temperature are in the ranges of 1–3 bar and 30–50 deg C, respectively. The evaporator uses waste heat from the cooling system of the fuel cell. Similar units are being developed by Cryomotive in Germany [15] and by Verne [16] in the United States. Cryomotive has recently signed an agreement to work with Chart Industries [17] The hydrogen refueling station would need neither a high-pressure cryogenic pump nor a high-pressure compressor to fill the Chart Industries unit because the hydrogen can be transferred into the storage unit as a liquid directly from the large scale LH2 tank at the station. The Chart 9 Industries unit stores 35 kg of hydrogen and is sized to replace the standard diesel fuel tank placed along the side rails of the tractor of the long-haul truck. Two of the H2 storage units can store 70 kg. Each H2 storage unit weighs about 300 kg and has an external volume of 850 L. For a truck that uses 0.8 kgH2/km, the daily range for the 70 kg capacity would be over 1000 km, which is comparable to a diesel truck. The Chart Industries LH2 storage unit meets the DOE goals and does not require compression of the hydrogen to high pressure at the refueling station. The unit has been tested successfully with a fuel cell by Ballard [18]. For LH2 storages aluminum liner thickness and the cost of insulation have the strongest effects on system cost. According to [2], system costs will likely range from USD 6 to USD 13/kWh. CcLH2 According to the multi-variable sensitivity analysis results by [2], the factory cost will likely range between USD 8 and USD 16/kWh (Table 2).

Table 2. Hydrogen Storage cost for on board storage, incl. BoP components

Hydrogen storage technology	kgH2/ kg system	kgH2/ L system	USD/ kgH2
Compressed gas 350 bar / Type IV	0.045	0.016	1000
Compressed gas 700 bar / Type IV	0.042	0.027	1250
LH2 Liquid 0- 20 bar	0.116	0.041	200–400 according to [2]
Compressed cryogenic > 300 bar	0.072	0.044	300–600 according to [2]

4 Costs of hydrogen supply

4.1 Hydrogen refueling station variants and related cost

Liquid hydrogen (LH2) can be used to distribute and store hydrogen at the refueling stations. Vehicles at the stations can be refueled with the LH2 if they have onboard LH2 storage units. If the vehicles have high pressure gas storage units, the LH2 would have to be vaporized and compressed before being used to refuel the vehicles. The reason that LH2 is attractive for distribution and storage at stations and onboard vehicles is that the density of LH2 is much higher than compressed H2 even at 700 bar (see Table 1). The energy (MJ/kg) needed to compress and liquify hydrogen is also shown in Table 1. In refueling vehicles using compressed gas (CGH2) at 350 or 700 bar, a compressor is used to increase the pressure of gaseous hydrogen. For LH2, a cryogenic pump is used to increase the pressure of the LH2 before it is vaporized for delivery as high-pressure hydrogen to the vehicle. [1, 9]

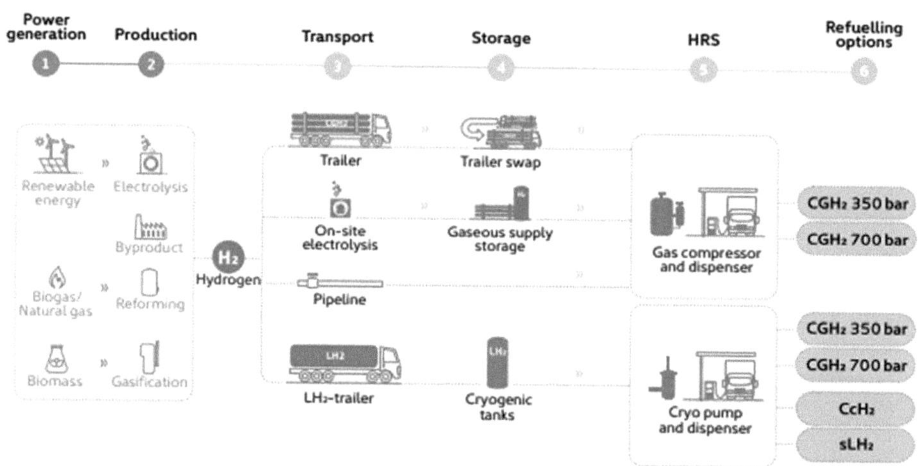

Fig. 9. Refueling station and related on-board hydrogen storage technologies [9]

Refueling fuel cell vehicles with compressed gas hydrogen (350 bar or 700 bar) is an established process and many stations are in daily operation [19]. Refueling fuel cell vehicles using liquid hydrogen is currently in the demonstration phase and there have been some demonstration projects especially for transit buses [20]. One approach is to store the hydrogen as a liquid at the station and transfer it into the onboard storage unit as a high-pressure gas. In this arrangement, the hydrogen must be vaporized and then compressed to 350 or 700 bar [21]. This is the approach being used at the present time in most LH2 refueling stations

Hydrogen refueling stations are capital intensive and contribute more than half of the levelized cost of hydrogen delivery, which includes packaging, transportation, and refueling. The compressor and cryogenic pump are the major cost elements in today's gaseous and liquid hydrogen refueling stations, respectively. Consistent with small station capacities in early FCEV markets, the cost contribution of a 200-kg/day refueling station is USD 6–USD 8/kg H2 for gaseous stations and USD 8–USD 9/kg H2 for liquid stations. In addition, the refueling capacity utilization significantly influences the station's levelized cost. With the projected ramp-up of station capacity utilization in California, the station's levelized cost is estimated to be approximately 40% higher than in a scenario where the station is fully utilized from its start of operation. In FCEV markets that require refueling capacities above 1000 kg/day, the limited tube-trailer payload will become a major barrier for deploying gaseous hydrogen refueling stations in the absence of onsite hydrogen production or a pipeline network that supplies hydrogen to stations. In future mature FCEV markets with large demand for hydrogen, the levelized cost of both gaseous and liquid stations can be reduced to USD 2/kg H2 due to improved capacity utilization and refueling equipment cost reduction via learning and economies of scale. This reduced cost, however, is not inclusive of production, packaging, or transportation costs. Considering the United States Department of Energy's apportioned cost target of USD 2/kg H2 for hydrogen packaging, transportation and refueling [3], research and development efforts for technological advancement of refueling components are needed to further reduce the refueling station levelized cost beyond what is achievable through learning and economies of scale (Table 3).

Table 3. Refueling station levelized cost of refueling station [21]

Refueling station levelized cost in [USD/ kgH2]	200 kg/ day	1000 kg/ da	5000 kg/ day	10.000 kg/day	20.000 kg/ day
700 bar H2 station (CHG supply)	6.00	4.00	1.60	1.67	1.52
Liquid H2 station	8.00	3.00	0.58	0.52	0.52

All the refueling stations considered are intended to be used by long haul fuel cell trucks having a hydrogen fill requirement of 50–100 kg. If 100 – 200 trucks per day use the station, its capacity would need to be 7000 – 20.000 kg/day. Hence the truck refueling stations would be very large stations. Most of the truck refueling stations will likely be built at truck stops resulting in relatively high utilization factors. To refuel H2Trucks in times comparable times for diesel trucks, these stations will need high filling flow of 8–10 kg/min. and the ability to perform many back-to-back refills. These requirements can be met using LH2 and cryo-pumps as shown in demonstration projects involving transit buses [22]. Transit bus applications in which a bus fleet must be refueled overnight in 6–8 hours or less are ideal for LH2 because each dispenser can service multiple buses back-to-back at a high fueling rate [18]

4.2 Hydrogen production and distribution cost

The refueling station arrangements are 700 bar gaseous (CGH2) and several LH2 stations including those using cryo-pumps. The contributors to the total cost (USD/kg) of hydrogen dispensed are the following: (1) the cost of production, (2) the cost of transport, both long distance and local, (3) the cost of liquefaction for LH2, (4) Costs associated with the refueling station and dispensing the hydrogen to the fuel cell vehicle. These individual costs are shown in Table 13. The projected total hydrogen costs for each refueling station category are also shown in the table. All the costs shown in Table 13 correspond to the time when considerable progress has been made to reducing the cost of hydrogen and its distribution. That is likely to be sometime after 2030 (Table 4).

Table 4. Cost contributors hydrogen and average values

#	Cost contributor [USD/ kgH2]				
1	Hydrogen Production	*Electrolysis*			
		4.00–2.0			
2	Transport	*Pipeline*	*Rail*	*Tube Trailor*	
	CGH2	0.30–2.50	1.20	0.80–3.90	
	LH2	–	0.80	0.30–6.70	
3	Liquification	*On-Site/ Large Scale*			
		1.75–0.75			
4	Refueling Station	*CGH2 350 bar*	*CGH2 700 bar*	*LH2 Low pressure*	*LH2 high pressure*
	CGH2	6.00–0.80	8.00–1.50	–	–
	LH2	–	–	2.00–6.00	0.50–8.00

5 Total cost of ownership evaluation of commercial vehicles with gas and liquid hydrogen storage

5.1 P3 TCO Modell and approach

Within the scope of the present analysis, the P3 Hydrogen TCO model was applied which in turns offer the possibility to evaluate various hydrogen applications regarding different, local market framework (e.g., regional subsidies), investment related techno-economic factors and developments (e.g., battery cost, FC Stack cost, Balance of Plant cost, storage cost) and operational cost variables (e.g., cost of high-power charging, hydrogen costs and related cost components).

5.2 Total cost of ownership sensitivity analysis regarding energy storage technology and related hydrogen cost

About the total cost of ownership, it was shown in Sect. 2.3 that these are mainly influenced by fuel costs in the long-haul truck sector. Regarding fuel cell-powered vehicles, it was shown in Sect. 3.2 that 4.1 the fuel costs make a significant contribution to the total purchase price of the fuel due to the type of hydrogen storage (liquid or gaseous) and the associated filling station concepts and costs. Therefore, a sensitivity analysis of the total operating costs was carried out within the scope of the present analysis to the factors investment and CAPEX in the energy storage system as well as the utilization at the hydrogen filling station, see Fig. 10.

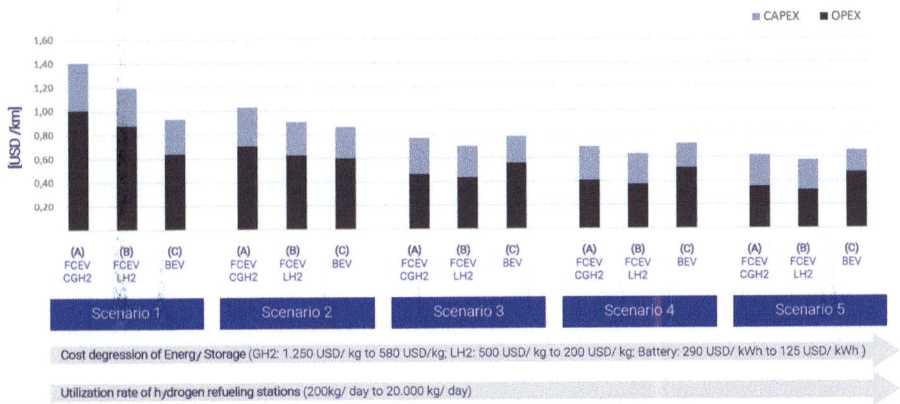

Fig. 10. TCO scenario analysis for zero emission trucks: FCEV with GH2 storage (A), FCEV with LH2 storage (B) and BEV (C) propulsion setup

At low utilization rates in the range of 200 kgH2/day of the hydrogen refueling stations, there are considerably higher costs per kilometer for fuel cell vehicles compared to battery-powered variants. However, if the utilization rate increases to a range of more than 1000 kgH2 per day, which corresponds to a daily refueling of about 13 vehicles, the total cost of ownership for the liquid hydrogen variant (B) falls into the range of battery electric vehicles. The reduction of the CAPEX for the energy storage is only insignificant. For the present scenario, it should be noted that the investment costs for the fuel cell stack system were assumed to be constant across the scenarios at 500 USD/ kW. Cost degressions in the system area of the fuel cell drive can therefore continue to improve the total cost of ownership performance of the fuel cell vehicle.

5.3 CAPEX share and impact of on-board storage system on TCO

In the case of refueling costs, a distinction must be made between refueling technologies, which in turn must be compatible with the type of energy storage system on board the vehicle. The choice of on-board hydrogen storage determines the total cost of ownership accordingly. Figure 9 shows comparatively how the total cost of ownership of fuel cell vehicles behaves using high pressure gas storage (A) and liquid storage (B). Regarding gas storage, the CAPEX share on the total cost of ownership is higher and remains higher than for liquid storage, since, as shown above, the cost degression of gas storage is limited due to the use of carbon fibers. Liquid storage structures as presented by

Verne, Cyromotive and Chart Industries offer better opportunities here because of the lower dependence on material costs. However, the influence on the total operating costs remains with 20-10% per km significantly lower than the share of OPEX. A significant leverage on CAPEX can be expected from the stack side. According to analyses of the DOE [2], these are to be assumed with costs between 200 and 100 USD/kW at low unit numbers below 5000 units per year and decrease by scaling towards higher unit numbers of 50,000 units per year to below 50 USD/kW. The present analysis was based on much higher values of 500 USD/ kW according to recent analyses by [3]. Cost degressions around the fuel cell stack could therefore lead to a further improvement in the TCO of the FCEV. As already described for the energy storage system, however, the decisive factor for the TCO in the long-haul truck is the fuel costs (Fig. 11).

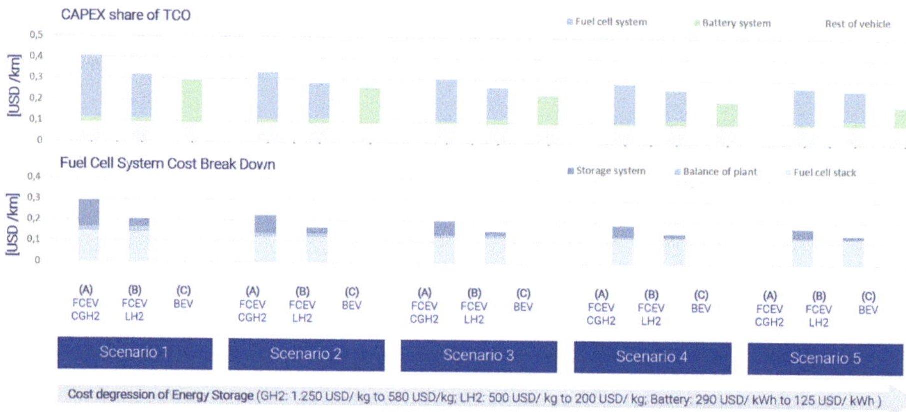

Fig. 11. CAPEX share and fuel cell system cost break down for TCO analysis

5.4 OPEX share, hydrogen cost break down and impact of refueling station utilization

The cost per kWh of electrical energy usable in the drive is in the end just as critical as the "fast charging". At a price of 9.50 USD /kg hydrogen the kWh energy costs the equivalent of 0.28 USD / kWh H2 (at 33.3 kWh/kg). Assuming drive efficiency averaged at 60%, kWh of usable electrical energy in the FCEV costs about 0.48 USD / kWh. Fast charging for less than 0.48 EUR/kWh therefore favors BEV applications in the TCO. High power charging providers, such as IONITY in Germany are already charging the same or higher prices for lower charging power levels, since in the truck application MW charging is relevant as compared to current max. 300 kW charging. If the hydrogen price drops below 5 USD/ kg H2, the benchmark for fast charging drops to approx. 0.25 EUR/ kWh effective.

In the present analysis, the price of hydrogen is calculated according to the price components: cost of production, the cost of transport and if applicable liquefaction for LH2 and the costs associated with the refueling station broken down and converted to operating costs of long-haul truck application. Regarding the cost of hydrogen production, a price range of 4.00 USD/ kg to 2.00 USD/ kg was applied for the scenarios. Figure 12 shows that the marginal price for cost parity with the battery electric vehicle can be achieved from a utilization of approx. 5000 kgH2 per day (approx. 63 vehicles per day) with the liquid hydrogen refueling station concept. The refueling costs according to [21] drop to a value of less than 0.60 USD/ kgH2 for the filling station part and together with the costs for liquefaction of 0.75 USD/ kg and production costs below 4.00 USD/ kgH2 lead to a positive TCO performance. The costs for HPC of the battery are assumed to be 0.50 USD/ kWh. The larger the fleet that is supplied, the greater the cost advantages in terms of total operating costs.

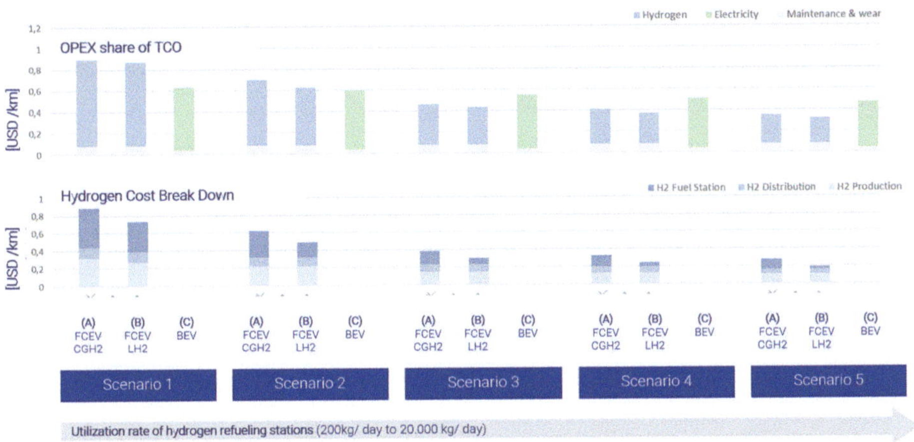

Fig. 12. OPEX share, and hydrogen cost break down for TCO analysis

6 Conclusion

The use of liquid hydrogen can be an advantageous option in terms of TCO if the fleet size exceeds 65 refueling operations per day. The investment costs in the onboard storage system for hydrogen are less important than the reduced fuel costs due to liquid refueling. In particular, the savings in investment and operating costs for dry-lubricated high-performance compressors for high-pressure refueling stations are a decisive factor in the cost savings, which are not even offset by the necessary liquefaction costs for the hydrogen.

However, these theoretical considerations are currently offset by the technical development status of both the liquid filling station systems and the storage tanks to be installed in the vehicle. Thus, the cost assumptions for liquid storage on the vehicle side in this analysis are initially based on reengineering approaches of the Department of Energy in the USA and plausibility calculations of the authors but could not yet be validated by cost statements of relevant manufacturers. This results in an uncertainty in the total cost of ownership calculation, which, however, does not have a significant impact due to the total cost of ownership structure for heavy-duty transport, which is primarily influenced by fuel costs.

The properties of LH2 are beneficial for medium-duty and heavy-duty truck applications that involve the need for storing larger quantities (kg) of hydrogen onboard the vehicle and dispensing larger quantities (kg/day) of hydrogen at refueling stations. In addition, the short refueling time possible (10–15 min.) with hydrogen with either LH2 or CGH2 is a more asset compared to battery-electric trucks that require very large and heavy batteries which require much longer to recharge. It seems likely that when the refueling technologies for LH2 are mature that refueling with LH2 will be faster than with CGH2. One of the disadvantages with LH2 is boil-off of the hydrogen when it is stored. That disadvantage is less important for commercial truck applications that use fuel on a regular basis.

If liquid hydrogen technology can be implemented both technically and at the targeted cost, this will be an advantage that offers cost and operational benefits over both CGH2 and battery electric technology in heavy-duty applications.

References

1. Burke, A., Lewis, F.: Use of liquid hydrogen in heavy-duty vehicle applications: station and vehicle technology and cost considerations (2022)
2. Law, K., et al.: US Department of Energy Hydrogen Storage Cost Analysis. No. DOE/GO14283. TIAX LLC (2013)
3. Sharpe, B., Hussein, B.: A meta-study of purchase costs for zero-emission trucks. Working Paper 2022-09 (2022)
4. Reddi, K., et al.: Impact of hydrogen refueling configurations and market parameters on the refueling cost of hydrogen. Int. J. Hydr. Energy **42**(34), 21855–21865 (2017)
5. James, B.D., Houchins, C., Huya-Kouadio, J.M., Desantis, D.A.: Final report: hydrogen storage system cost analysis (2016)
6. Banaszkiewicz, T., et al.: Liquefied natural gas in mobile applications—opportunities and challenges. Energies **13**(21), 5673 (2020)
7. Cunanan, C., et al.: A review of heavy-duty vehicle powertrain technologies: diesel engine vehicles, battery electric vehicles, and hydrogen fuel cell electric vehicles. Clean Technol. **3**(2), 474–489 (2021)
8. Rivard, E., Trudeau, M., Zaghib, K.: Hydrogen storage for mobility: a review. Materials **12**(12), 1973 (2019)
9. H2-mobility homepage. https://h2-mobility.de/wp-content/uploads/sites/2/2021/08/H2-MOBILITY_Overview-Hydrogen-Refuelling-For-Heavy-Duty-Vehicles_2021-08-10.pdf. Last accessed 03 Oct 2022
10. Curry, C.: Lithium-ion costs and market (2017). Available online: https://data.bloomberglp.com/bnef/sites/14/2017/07/BNEF-Lithium-ion-battery-costs-and-market.pdf. Accessed on 06 June 2022
11. James, B.D., et al.: Mass production cost estimation of direct H2 PEM fuel cell systems for transportation applications: 2012 update. In: Report by Strategic Analysis, Inc., under Award Number DEEE0005236 for the US Department of Energy, vol. 18 (2012)
12. Hart, D., Jones, S., Lewis, J.: The fuel cell industry review 2020, E4tech (2021)
13. SAE International.: SAE J2600 compressed hydrogen surface vehicle fueling connection devices (2015). Available online: https://www.sae.org/standards/content/j2600_201211/. (Accessed on 05 Oct 2022)

14. Yamashita, A., Kondo, M., Goto, S., Ogami, N.: Development of high-pressure hydrogen storage system for the Toyota Mirai. SAE Tech. Pap. Ser. (2015)
15. Cryomotive homepage. https://www.cryomotive.com/de/. Last accessed 03 Oct 2022
16. VERNE homepage. https://www.verneh2.com/. Last accessed 03 Oct 2022
17. CHART industries homepage. https://www.chartindustries.com/Products/Hydrogen-Energy. Last accessed 03 Oct 2022
18. Ballard homepage. https://www.ballard.com/about-ballard/newsroom/news-releases/2022/02/01/ballard-and-chart-successfully-test-a-fuel-cell-powered-by-liquid-hydrogen/. Last accessed 03 Oct 2022
19. EU science hub homepage. https://joint-research-centre.ec.europa.eu/system/files/2021-06/jrc124206_assessment_of_hydrogen_delivery_options.pdf. Last accessed 03 Oct 2022
20. Li, X.J., et al.: Paths to low-cost hydrogen energy at a scale for transportation applications in the USA and China via liquid-hydrogen distribution networks. Clean Energy **4**(1), 26–47 (2020)
21. Hydrogen Refueling Station Model (HRSM). https://www.hydrogen.energy.gov/h2a_delivery.html/. Last accessed 03 Oct 2022
22. Li, J., et al.: Liquid pump-enabled hydrogen refueling system for heavy duty fuel cell vehicles: pump performance and J2601-compliant fills with precooling. Int. J. Hydr. Energy **46**(42), 22018–22029 (2021)
23. Council, H.: Path to hydrogen competitiveness: a cost perspective (2020)

Simulationsgestützte Optimierung des Verzahnungswirkungsgrades durch dünne Schichten

Dirk Bartel(✉), Lars Bobach, und Ronny Beilicke

Tribo Technologies GmbH, Universitätsplatz 2, 39106 Magdeburg, Deutschland
{dirk.bartel,lars.bobach,ronny.beilicke}@tribo-technologies.com

Zusammenfassung. Um die Energieeffizienz von Getrieben zu steigern, ist die weitere Viskositätsabsenkung der Getriebeöle zur Reduzierung von Plansch- und Pumpverlusten eine geeignete Maßnahme. Der Einsatz niedrigviskoser Schmierstoffe sowie die Erhöhung der Leistungsdichte von Getrieben führen jedoch zu einem vermehrten Betrieb der Getriebeverzahnungen im Mischreibungsgebiet. Um einem zunehmenden Verschleiß entgegenzuwirken, kann der Einsatz von reibungs- und verschleißmindernden Dünnschichten (DLC-Schichten) eine mögliche Lösung sein. Wichtig ist hier ein gute Abstimmung von Schmierstoff und Beschichtung.

Zur Bewertung des Potenzials beschichteter Zahnflanken können Versuche oder thermo-elastohydrodynamische (TEHD) Simulationen zum Einsatz kommen. Simulationen bieten die Möglichkeit, in einem frühen Entwicklungsstadium eine Potenzialabschätzung durchzuführen, ohne hohe Kosten für eine Prototypenfertigung zu erzeugen.

Anhand ausgewählter TEHD-Simulationen mit verschiedenen DLC-Schichten wird gezeigt, welchen Einfluss eine Beschichtung von Ritzel und/oder Rad auf die Temperaturentwicklung, die Reibungsverluste und den Wirkungsgrad hat und welche thermo-physikalischen Eigenschaften der Schichten von Vorteil sind.

Schlüsselwörter: Thermo-Elastohydrodynamik (TEHD) · Zahnräder · Reibung · DLC-Schichten

1 Einleitung

Zur Steigerung der Energieeffizienz von Getrieben kommen immer häufiger niedrigviskose Schmierstoffe zum Einsatz, um die Flüssigkeitsreibung sowie die Plansch- und Pumpverluste zu reduzieren. Im betriebswarmen Zustand kann es durch die Viskositätsabsenkung vermehrt zu Mischreibungszuständen mit der Gefahr von erhöhtem Zahnflankenverschleiß kommen. Ein weiterer Aspekt, der zu häufigeren Mischreibungszuständen im Betrieb führen kann, ist die Erhöhung der Leistungsdichte von Getrieben. Weiterhin können die lastabhängigen Verzahnungsverluste bei Industriegetrieben betriebspunktabhängig einen hohen einstelligen Anteil an den Gesamtverlusten einen Getriebes einnehmen.

A. Heintzel (Hrsg.): EFPWRT 2022, Proceedings, S. 148–155, 2023.
https://doi.org/10.1007/978-3-658-42553-1_12

Um die Reibung im Zahnflankenkontakt weiter zu senken und einen erhöhten Zahnflankenverschleiß zu vermeiden, ist der Einsatz von reibungs- und verschleißmindernden DLC-Schichten auf den Zahnflanken eine mögliche Option.

Im Rahmen einer Studie wurde mittels thermo-elastohydrodynamischer (TEHD)-Simulationen bewertet, welches Potenzial verschiedene DLC-Schichten hinsichtlich einer Reibungsreduzierung im Zahnflankenkontakt einer exemplarischen Schrägverzahnung aufweisen können. Weiterhin wurde der Frage nachgegangen, über welche thermo-physikalischen Eigenschaften potenzielle DLC-Schichten verfügen sollten.

2 Simulationsmodell

Das dreidimensionale TEHD-Simulationsmodell basiert auf der gekoppelten Berechnung von Hydrodynamik, Verformungen und Temperaturen im Schmierspalt und den Zahnflanken und berücksichtigt masseerhaltende Kavitation, eine im Spalt veränderliche Dichte, Viskosität, Wärmeleitfähigkeit und spezifische Wärmekapazität sowie strukturviskoses Fließverhalten des Schmierstoffs, Mischreibung und ein- oder mehrlagige Beschichtungen. Eine detaillierte Modellbeschreibung kann für eine Geradverzahnung [1], eine Schrägverzahnung [2] und eine Kegelradverzahnung [3] entnommen werden. Diese Modelle und Modelle für die Berechnung weiterer geschmierter Systeme sind in die TEHD-Software Tribo-X der Tribo Technologies GmbH integriert [4]. Die wichtigsten Geometrieparameter der betrachteten Schrägverzahnung sowie die Betriebsbedingungen sind in Tab. 1 und Tab. 2 aufgeführt.

Tab. 1. Geometrieparameter von Ritzel und Rad

Zähnezahl (Übersetzung)	24 / 61 (i = 2,54)
Normalmodul	3 mm
Achsabstand	137 mm
Schrägungswinkel	20°
Zahnbreite	27,5 mm / 27,5 mm
Profilverschiebung	0,937 mm / 0,421 mm
Balligkeit in Zahnbreitenrichtung	8 μm / 8 μm
Kopfrücknahme	10 μm / 10 μm

Die Zahnräder sind aus 16MnCr5, als DLC-Beschichtungen werden eine wasserstoffhaltige Wolframkarbid-Beschichtung (CrWC a:C:H) [5], eine wasserstofffreie gradierte Titankarbid-Beschichtung (TiCg) [6] und eine wasserstofffreie gradierte Zirkoniumkarbid-Beschichtung (ZrCg) [6] untersucht. Die DLC-Schichten haben eine einheitliche Dicke von 3 μm. Die Werkstoffdaten des Stahls und der DLC-Schichten sind in Tab. 3 aufgeführt.

In Abb. 1 ist die Zahnnormalkraft für eine Zahnflankenpaarung über der genormten Eingriffsstrecke dargestellt. Die maximale Belastung wird kurz vor dem Wälzpunkt C mit ca. 5 kN erreicht.

Tab. 2. Betriebsparameter

Drehmoment am Ritzel	200 Nm
Drehzahl Ritzel	1485 rpm
Leistung	31,1 kW
Schmierstoff	ISO VG 150
Schmierstoffzuführtemperatur	20 °C … 90 °C
Zahnradmassentemperatur	20 °C … 90 °C

Tab. 3. Werkstoffparameter des Zahnradwerkstoffs und der DLC-Beschichtungen

Parameter	**16MnCr5** [5]	**Cr/WC a-C:H** [5]	**TiCg** [6]	**ZrCg** [5]
Schichtdicke [μm]	–	3	3	3
Eindringmodul [N/mm²]	230.000	220.000	95.700	110.000
Martenshärte [N/mm²]	7800	14.000	9900	13.400
Wärmeleitfähigkeit [W/(m·K)]	44	0,57	0,25	1,1
Spez. Wärmekapazität [J/(kg·K)]	431	700	2378	8263
Dichte [kg/m³]	7760	1860	2560	4655

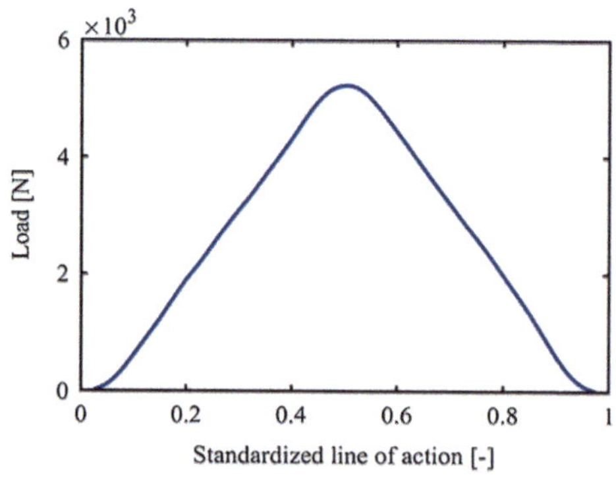

Abb. 1. Zahnnormalkraft in einer Zahnflankenpaarung

3 Berechnungsergebnisse

In einem ersten Schritt wird die Beschichtung der Zahnflanken beider Zahnräder betrachtet, wobei auf beiden Flanken die gleiche DLC-Schicht zum Einsatz kommt. Alle drei Varianten werden mit dem unbeschichteten Fall verglichen. Um zu prüfen, ob unterschiedliche Schmierstoffzuführ- und Zahnradmassentemperaturen zu unterschiedlichen Ergebnissen führen, werden diese in einem Bereich von 20 °C bis 90 °C variiert. Zur Vereinfachung entspricht die Zahnradmassentemperatur der jeweiligen Schmierstoffzuführtemperatur.

Abb. 2 zeigt den Gesamtdruck bestehend aus dem elastohydrodynamischen Druck und Festkörperkontaktdruck für eine Eingriffsstellung mit hoher Zahnnormalkraft (siehe Abb. 1) kurz nach dem Wälzpunkt C. Oben rechts ist die Spannungsverteilung in den Zahnflanken für die gleiche Eingriffsstellung zu sehen. Im unteren mittleren Bild ist die Spannungsverteilung im oberflächennahen Bereich der Zahnflanken für den unbeschichteten Fall und im unteren rechten Bild für beidseitig TiCg beschichtete Zahnflanken dargestellt. Die erhöhten Spannungen in den beiden 3 μm dicken Schichten sind gut zu erkennen, sind aber für die DLC-Schicht nicht kritisch.

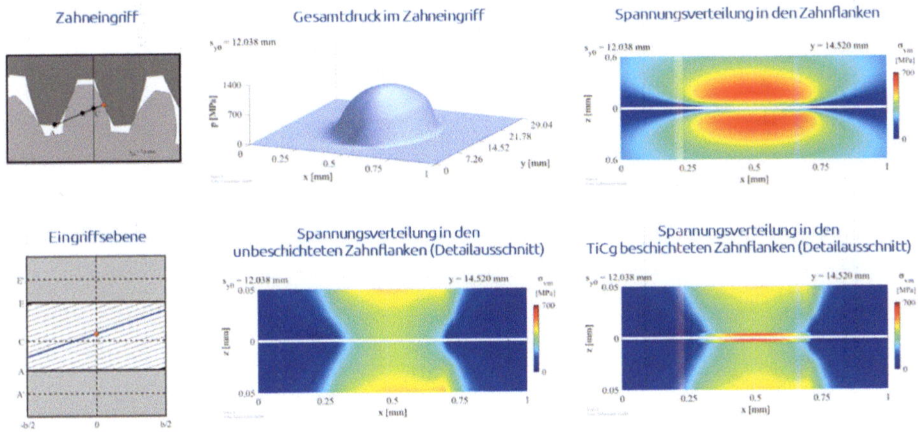

Abb. 2. Gesamtdruck im Zahneingriff mit hoher Zahnnormalkraft und Spannungsverteilungen in den Zahnflanken für 60 °C mit und ohne TiCg-Beschichtung der Zahnflanken

Die dreidimensionale Temperaturverteilung im Zahnflankenkontakt für 20 °C und 90 °C für den unbeschichteten und beidseitig TiCg beschichteten Fall zeigt Abb. 3. Es ist deutlich zu erkennen, dass die Temperaturerhöhung für den beschichteten Fall ausgeprägter und bei 20 °C für den unbeschichteten und beschichteten Fall viskositätsbedingt größer ist. Der Grund für die höheren Temperaturen im beschichteten Fall wird nachfolgend diskutiert.

In Abb. 4 sind die Temperaturverteilungen (Symmetrieschnitt) im Zahneingriff kurz vor Eingriffsende für 60 °C und den unbeschichteten sowie beschichteten Fall für alle drei DLC-Schichten dargestellt. Es ist zu erkennen, dass im unbeschichteten Fall die niedrigsten und im Fall der beidseitigen TiCg-Beschichtung die höchsten Temperaturen erreicht werden. Weiterhin ist erkennbar, dass im unbeschichteten Fall ein Teil der Reibungswärme in die Zahnflanken abfließen kann, während dies bei den beschichteten Flanken durch die jeweiligen Beschichtungen unterschiedlich stark verhindert wird. Damit deutet sich an, dass die Beschichtungen thermisch isolierend wirken und so ein Abtransport der Wärme im Schmierspalt nur in geringem Maße unterstützen. Die höheren Spalttemperaturen haben allerdings nur einen geringen Einfluss auf die Tragfähigkeit des Zahnflankenkontakts, da für die Tragfähigkeit die Temperaturen und die daraus resultierenden Viskositäten im Einströmbereich, d. h. vor dem Zahnflankenkontakt, entscheidend sind.

Um die Frage zu beantworten, ob dieser Effekt zu einer Verringerung der Verzahnungsverluste und so zu einer Verbesserung des Verzahnungswirkungsgrades führt, wurden beide Größen berechnet und in Abb. 5 für den Temperaturbereich von 20 °C bis 90 °C dargestellt.

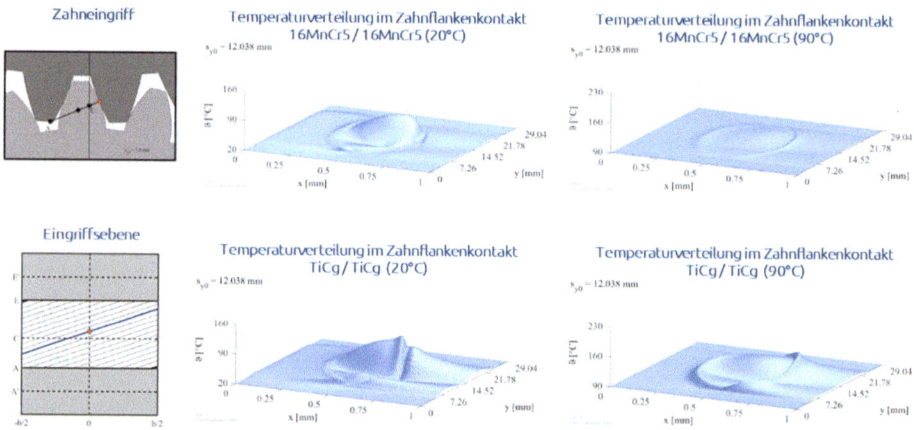

Abb. 3. Temperaturverteilungen im Zahneingriff für 20 °C und 90 °C mit und ohne TiCg-Beschichtung der Zahnflanken

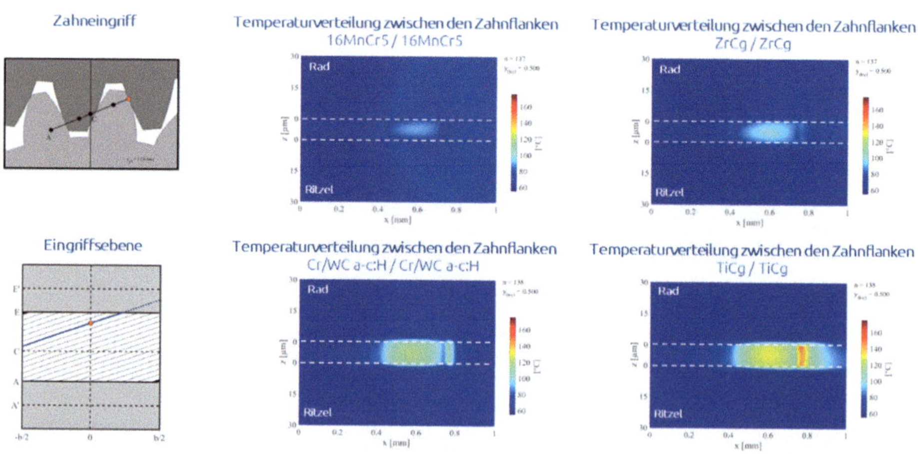

Abb. 4. Temperaturverteilungen (Symmetrieschnitt) im Zahneingriff kurz vor Eingriffsende für 60 °C und unbeschichteten und beschichtete Zahnflanken

Die Ergebnisse zeigen, dass mit allen drei DLC-Schichten bei allen Temperaturen eine Reduzierung der Verlustleistung und damit eine Erhöhung des

Verzahnungswirkungsgrades gegenüber dem unbeschichteten Fall für die gewählten Betriebsparameter (siehe Tab. 2) möglich ist. Die TiCg-Beschichtung zeigt von allen DLC-Schichten das größte Potenzial, wobei das Potenzial zwischen 60 °C bis 80 °C am deutlichsten ausgeprägt ist.

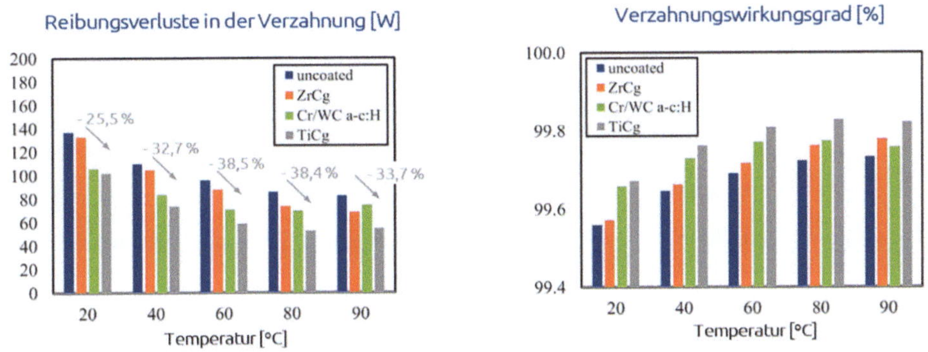

Abb. 5. Verzahnungsverluste und Verzahnungswirkungsgrad für alle Beschichtung für 20 °C bis 90 °C

Es bleibt nun die Frage zu beantworten, warum die Schichten den Verzahnungswirkungsgrad erhöhen und warum die TiCg-Schicht am besten abschneidet. Hierfür wurden die thermo-physikalischen Größen der Schichten in Abb. 6 aufgetragen, und zwar die Wärmeleitfähigkeit λ über dem Produkt aus spezifischer Wärmekapazität c_p und Dichte ρ. Hierbei beschreibt das Produkt $c_p \cdot \rho$ den konvektiven Wärmetransport der jeweiligen Schicht und λ die Fähigkeit der Wärmeableitung. In Abb. 6 ist erkennbar, dass die TiCg-Schicht mit dem höchsten Potenzial die kleinste Wärmeleitfähigkeit und eine niedrige konvektive Wärmetransportmöglichkeit hat, während die ZrCg-Schicht für beide Größen die höchsten Werte und auch das geringste Potenzial aufweist. Es bestätigt sich, dass die Beschichtungen thermisch isolierend wirken und so ein Abtransport der Wärme im Schmierspalt nur in geringem Maße unterstützen. Dieser Effekt ist umso größer, je kleinere Werte eine DLC-Schicht bei der Wärmeleitfähigkeit und dem Produkt aus $c_p \cdot \rho$ hat.

Da eine DLC-Beschichtung der Zahnflanken zu einer Erhöhung der Fertigungskosten führt, soll in einer weiteren Studie geklärt werden, ob die alleinige Beschichtung von Ritzel oder Rad bereits ausreichend ist, um eine Wirkungsgradsteigerung zu erzielen. In Abb. 7 sind wiederum die Temperaturverteilungen (Symmetrieschnitt) im Zahneingriff kurz vor Eingriffsende bei 60° für den unbeschichteten Fall, für den Fall das entweder Ritzel oder Rad beschichtet sind und für den beidseitig beschichteten Fall für die TiCg-Beschichtung dargestellt. Es ist gut zu erkennen, dass bei einer einseitigen Beschichtung der Wärmefluss in das jeweils beschichtete Zahnrad reduziert wird und vorrangig in das jeweils unbeschichtete Zahnrad erfolgt.

In Abb. 8 sind wiederum die zugehörigen Verzahnungsverluste und Verzahnungswirkungsgrade für die verschiedenen Varianten für einen Temperaturbereich von 20 °C bis 90 °C aufgetragen. Es zeigt sich, dass auch bei einer einseitigen TiCg-Beschichtung Vorteile zu erzielen sind, wobei diese bei allen Temperaturen

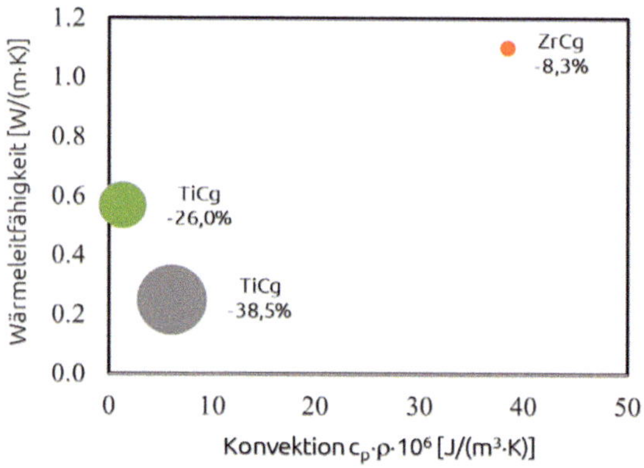

Werkstoff-parameter	Cr/WC a-C:H	TiCg	ZrCg
λ [W/(m·K)]	0,57	0,25	1,1
c_p [J/(kg·K)]	700	2.378	8.263
ρ [kg/m³]	1.860	2.560	4.655

Abb. 6. Korrelation der thermo-physikalischen Eigenschaften der Beschichtungen mit der Reduzierung der Verzahnungsverluste

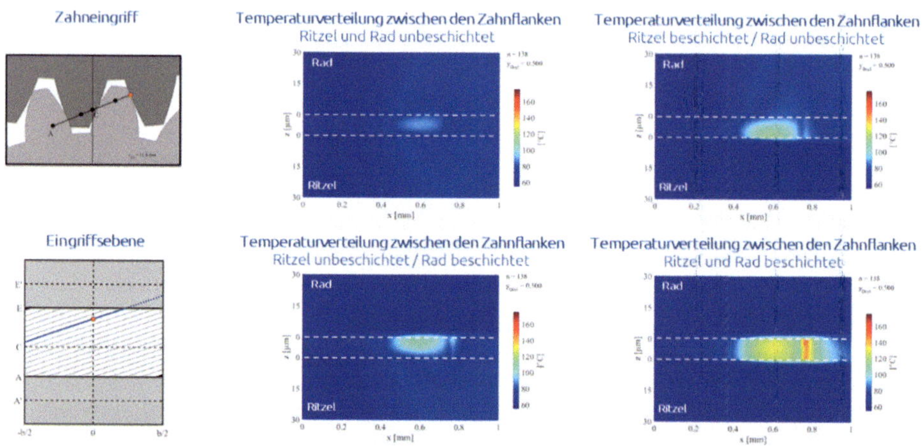

Abb. 7. Temperaturverteilungen (Symmetrieschnitt) im Zahneingriff für 60 °C und unbeschichtete einseitig TiCg-beschichte sowie beidseitig TiCg-beschichtete Zahnflanken

gegenüber der beidseitigen TiCg-Beschichtung geringer sind. Weiterhin ist erkennbar, dass zwischen der alleinigen Beschichtung von Ritzel oder Rad kaum Unterschiede vorliegen.

4 Fazit

Eine DLC-Beschichtung der Zahnflanken von Stirnrädern kann zu einer Verbesserung des Verzahnungswirkungsgrades beitragen. Die vorgestellte Simulationsstudie hat folgende Ergebnissen geliefert:

- Für alle untersuchten DLC-Beschichtungen konnte eine temperaturabhängige Wirkungsgradsteigerung festgestellt werden.

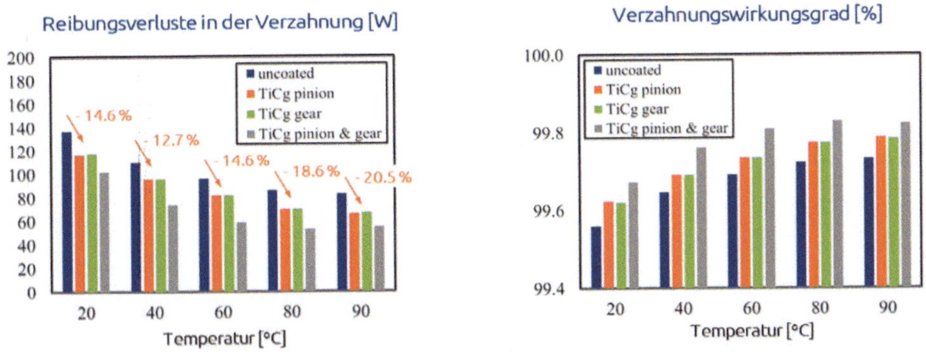

Abb. 8. Verzahnungsverluste und Verzahnungswirkungsgrad für 20 °C bis 90 °C

- Eine maximale Wirkungsgradsteigerung konnte bei einer beidseitigen TiCg-Beschichtung der Zahnflanken in Höhe von 25% (20 °C) bis 38% (60 °C-80 °C) erzielt werden.
- Eine einseitige TiCg-Beschichtung von Ritzel oder Rad liefert vergleichbare Ergebnisse und immer noch Vorteile von 13% (40 °C) bis 20% (90 °C). Aus Kostengründen ist die Beschichtung des kleineren Ritzels zu bevorzugen.
- Je kleiner die Wärmeleitfähigkeit und das Produkt aus spezifischer Wärmekapazität und Dichte einer Beschichtung ist, umso höher dürfte das Potenzial einer DLC-Schicht zur Wirkungsgradsteigerung sein.
- In der Studie wurde für alle DLC-Beschichtungen eine konstante Schichtdicke von 3 μm angenommen. Ungeklärt bleibt, ob weiteres Potenzial gehoben werden kann, wenn zusätzlich eine Schichtdickenoptimierung erfolgt bzw. unterschiedliche DLC-Schichten miteinander gepaart werden.

Welche DLC-Beschichtungen final zum Einsatz kommen, hängt auch vom Verschleißverhalten der Beschichtungen ab.

Literatur

1. Bobach, L., Beilicke, R., Bartel, D., Deters, L.: Thermal elastohydrodynamic simulation of involute spur gears incorporating mixed friction. Tribol. Int. **48**, 191–206 (2012)
2. Beilicke, R., Bobach, L., Bartel, D.: Transient thermal elastohydrodynamic simulation of a DLC coated helical gear pair considering limiting shear stress behavior of the lubricant. Tribol. Int. **97**, 136–150 (2016)
3. Bobach, L., Beilicke, R., Bartel, D.: Transient thermal elastohydrodynamic simulation of a spiral bevel gear pair with an octoidal tooth profile under mixed friction conditions. Tribol. Int. **143**, 106020 (2020)
4. TEHD-Software Tribo-X: www.tribo-technologies.com/tribo-x (2022)
5. Bobach, L., Bartel, D., Beilicke, R., Mayer, J., Michaelis, K., Stahl, K., Bachmann, S., Schnagl, J., Ziegele, H.: Reduction in EHL friction by a DLC coating. Tribol. Lett. **60**, 17 (2015)
6. Ebner, M., Weigl, A., Thiex, M.: Wirkung von Oberflächenbeschichtungen in geschmierten Kontakten. Forschungsvereinigung Antriebstechnik e.V. (FVA), Heft 1289 (2018)

Erratum zu: Park by Wire System for current Electric Drive Units

Dr.-Ing. Jan Nowack, Dr.-Ing. Gereon Hellenbroich, Valerij Shapovalov, and Ralph Fleuren

Erratum zu:
Kapitel 6 in: A. Heintzel (Hrsg.): EFPWRT 2022, Proceedings, 2023. https://doi.org/10.1007/978-3-658-42553-1_6

Der Name des Autors Dr.-Ing. Jan Nowack wurde in Kapitel 6 leider fehlerhaft veröffentlicht. Die ursprünglich veröffentlichte Version wurde nun korrigiert.

Die aktualisierte Version des Kapitels finden Sie unter https://doi.org/10.1007/978-3-658-42553-1_6

A. Heintzel (Hrsg.): EFPWRT 2022, Proceedings, S. E1, 2023.
https://doi.org/10.1007/978-3-658-42553-1_13

Autorenverzeichnis

A

Albieri, Gustavo Esteves I-1
Andrä, Heiko II-113

B

Bartel, Dirk I-148
Bartl, Fabian I-27
Beidl, C. II-26, II-127
Beilicke, Ronny I-148
Beykirch, Rüdiger II-68
Bobach, Lars I-148
Boemer, Andreas II-16
Boucke, Alexander II-99
Brachtendorf, Robin I-121

C

Conin, M. II-26, II-127

D

Daniel, Benjamin I-13
De Araujo, Philippe II-40
Dombrovskij, Tamir II-99
Doppelbauer, Martin II-54

F

Fiore, L. II-26
Fleuren, Ralph I-68

G

Geisler, Jürgen I-77
Grabherr, Philip II-54
Grupe, Lothar II-68

H

Haßler, David I-27
Hassoun, Ryan I-131
Heinrich, Marco I-27
Hellenbroich, Gereon I-68
Hohenberg, G. II-26
Hummel, N. II-127

J

Jeckel, Albert II-68

K

Kerstiens, Johannes I-42
Kleuser, Ralph II-16
Klier, Silja II-68
Knoll, Gunter II-99
Kohs, Alexander I-121
Koolmann, Carsten II-54
Kruse, Enrico II-82

L

Lensch-Franzen, Christian I-77
Löcken, Florian II-82
Löpitz, Marcel I-59
Lunk, Christoph I-42

M

Mack, Jürgen II-54
Marr, Julian II-113
Matthé, Roland I-104
Medger, Matthias I-121
Müller, Ralf II-113

N

Nork, Benedikt II-16
Nowack, Jan I-68

O

Okarmus, Marcin II-40

P

Petery, Georg I-42
Pötsch, Christoph II-1

R

Rehermann, Michael I-1
Reinel-Bitzer, Doris II-113

A. Heintzel (Hrsg.): EFPWRT 2022, Proceedings, S. 157–158, 2023.
https://doi.org/10.1007/978-3-658-42553-1

Reum, Mathias I-13
Rybak, Stanislaw I-90

S
Schlirf, Simon I-13
Schmalz, Mareike I-77
Schmidt, L. II-127
Schmülling, Christoph I-1
Schultheiß, Hubert I-59
Sell, Hendrik II-82
Shahangian, Navid II-68
Shapovalov, Valerij I-68
Sharifian, Leila II-68
Stalp, A. II-127
Stanek, Robert I-131
Stöber, Christina I-42

T
Tampubolon, E. II-127
Tomanik, C. II-127

U
Ullmann, Erik I-59

V
Vankayala, Sujeet II-40
Viehmann, Andreas I-90
Völkel, Franz I-42

W
Wagner, Dr. Amalia I-77
Wang, Eryang II-54
Wild, Felix I-59
Wurzenberger, Johann C. II-1

Z
Zagun, Michael II-40
Zartmann, Lukas II-113
Zeman, Jonathan II-40
Zumpf, Philipp I-59

MIX
Papier aus verantwortungsvollen Quellen
Paper from responsible sources
FSC® C105338

If you have any concerns about our products,
you can contact us on
ProductSafety@springernature.com

In case Publisher is established outside the EU,
the EU authorized representative is:
Springer Nature Customer Service Center GmbH
Europaplatz 3, 69115 Heidelberg, Germany

Printed by Libri Plureos GmbH
in Hamburg, Germany